Werkstattbücher

Für Betriebsfachleute
Konstrukteure und Studenten

Herausgeber:
H. Determann W. Malmberg H. Rattay

4

W. Suchowsky   K. Teller

Vorschubrädergetriebe

Überblick
Wirtschaftliche Gestaltung
Wechselräderberechnung

7. neubearbeitete Auflage
des früher von E. Mayer † unter dem Titel
„Wechselräderberechnung für Drehbänke"
bearbeiteten Heftes

Springer-Verlag
Berlin Heidelberg New York 1969

Herausgeber-Kollegium der Werkstattbücher

Dr.-Ing. Hermann Determann, Schulbehörde Hamburg

Dipl.-Ing. Werner Malmberg, Technisches Vorlesungswesen Hamburg

Prof. Dipl.-Ing. Dr. Helmut Rattay, Hamburg

Verfasser dieses Heftes

Dipl.-Ing. Werner Suchowsky, Berlin und Obering. Kurt Teller, Berlin

---

Inhaltsverzeichnis

ISBN-13: 978-3-540-04751-3   e-ISBN-13: 978-3-642-95129-9

DOI: 10.1007/978-3-642-95129-9

Vorwort

Die früheren Auflagen dieses Heftes[1] wurden unter dem Titel „Wechselräderberechnung für Drehbänke" herausgegeben und wandten sich vornehmlich an den intelligenten Dreher. Die konstruktive Entwicklung der Werkzeugmaschinen hat zwar dem Dreher diese Arbeit meist abgenommen, sie brachte aber bis heute weit über diesen speziellen Fall hinausgehende Anwendungen von Wechselrädern. So soll die vorliegende Auflage den jungen Konstrukteur, den Betriebsingenieur und den Arbeitsvorbereiter ansprechen und bietet auch dem Studenten eine Einführung in die besondere Problematik.

Für das Verständnis der Wechselräderberechnung erschien es nützlich, die Wechselrädergetriebe in den allgemeineren Rahmen der Vorschubrädergetriebe hineinzustellen. Die Verfasser waren dabei bemüht, für Auswahl und Gestaltung solcher Getriebe neben ihrer eigenen Erfahrung die Grundlagen und Erkenntnisse zu verwerten, wie sie in Büchern von GERMAR [7], RÖGNITZ [23, 24], SCHÖPKE [29] oder STEPHAN [32] veröffentlicht sind. Der Leser soll außer zu eigenen Gedanken auch zum Studium dieser weiterführenden Literatur angeregt werden. Am Schluß des Heftes werden die gewonnen Erkenntnisse auf Beispiele aus der Praxis übertragen und das Vorgehen bei der Berechnung eingeübt. Es ist selbstverständlich nicht möglich, auf alle praktischen Fälle einzugehen. Mit Hilfe der im Kapitel IV. A behandelten Verfahren wird es aber wohl stets gelingen, in hier nicht erwähnten Fällen zum Ziel zu gelangen. Die Verfasser würden sich freuen, wenn Anregungen für die Verbesserung und weitere Ausgestaltung aus dem Leserkreis an sie herangetragen werden.

I. Allgemeines über Vorschubgetriebe

1. Bezeichnungen und Sinnbilder.

A	Achsabstand	n_k	Anzahl der vollen Teilkurbelumdrehungen
C	Maschinenkonstante bei Verzahnmaschinen	N	Nenner eines Bruches
d	Werkstückdurchmesser	P_L	Leitspindelsteigung
d_0	Teilkreisdurchmesser	P_M	Maschinensteigung
F	Fehler	P_T	Steigung der Tischspindel
f	Flankenrichtungsfehler	P_W	Werkstücksteigung
f_e	Eingriffsteilungsfehler	s	Vorschub je Umdrehung der Arbeitsspindel
g	Genauwert		
GR	Getriebenes Wechselrad	TR	Treibendes Wechselrad
i	Übersetzungsverhältnis	u	Vorschubgeschwindigkeit
i_s	Übersetzung des Schneckentriebes im Teilkopf	V	Räderverhältnis
		WG	Werkstückgänge
i_z	innere Übersetzung	x	Hilfsteilzahl
m	Modul; Faktor	z	Zähnezahl
m^*	Exponent des Stufensprunges	Z	Zähler eines Bruches
m_n	Normalmodul	φ	Stufensprung
m_s	Stirnmodul		
MG	Maschinengänge		Indizes:
n	Drehzahl; Faktor	1, 3 treibend } bei Zahnrädern 2, 4 getrieben	

---

[1] Die ersten 4 Auflagen, von GEORG KNAPPE (gest. 1. 1. 42) verfaßt, erschienen in den Jahren 1921, 1927, 1936 und 1940. Die 5. und 6. Auflage wurden von EMIL MAYER (gest. 17. 6. 60) in den Jahren 1943 und 1950 bearbeitet.

1*

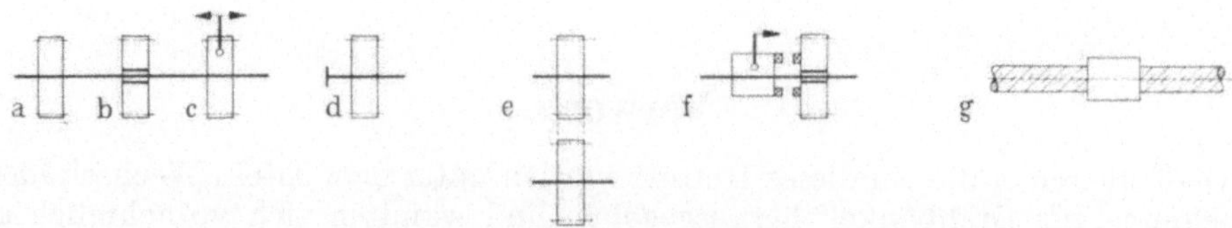

Bild 1. Sinnbilder für Getriebeelemente.

a) Stirnrad, fest auf der Welle, überträgt Drehmoment; b) Stirnrad, lose auf der Welle, überträgt kein Drehmoment; c) Stirnrad, auf der Welle axial verschiebbar, überträgt Drehmoment; d) Stirnrad, aufsteckbar, überträgt Drehmoment; e) kämmende Stirnräder, die aus zeichentechnischen Gründen nicht im Eingriff abgebildet werden können; f) Klauenkupplung; g) Gewindespindel mit Mutter.

2. Allgemeine Anforderungen. Die Vorschubgeschwindigkeit muß wie die Schnittgeschwindigkeit zur Anpassung an die Fertigungsaufgabe veränderlich sein. Zur Erzielung einer hohen Oberflächengüte sollen sich kleine Vorschübe, zur Ausnutzung der Leistung große Vorschübe an der Maschine einstellen lassen. Einen Überblick über die zur Veränderung von Vorschüben gegebenen Möglichkeiten gibt Tab. 1. Hydraulische und elektrische Lösungen, die eine stufenlose, fernsteuerbare Veränderung der Vorschübe gestatten, gewinnen im Zuge wachsender Automatisierung zunehmend an Bedeutung. Eine Ergänzung der Tab. 1 nach dem jeweiligen Stand der Technik ist zu empfehlen.

Der Konstrukteur muß nun aus der Vielzahl der angebotenen Möglichkeiten das für seinen Anwendungsfall geeignete Getriebe auswählen. Bei der Entscheidung, die er für oder gegen ein Getriebe zu treffen hat, sind Einflußfaktoren maßgebend, die von Fall zu Fall unterschiedlich gewertet werden müssen. Beispielsweise können die folgenden Punkte von Bedeutung sein: Größe des Vorschubbereiches, Art der Bewegung am Abtrieb (drehend, hin- und hergehend, periodisch) gleichbleibende oder wechselnde Bewegungsrichtung am Abtrieb, Wirtschaftlichkeit usw. Einige weitere Bewertungspunkte werden anschließend ausführlicher besprochen. Diese Aufzählung erhebt keinen Anspruch auf Vollständigkeit.

Tabelle 1. *Hilfsmittel zur Veränderung von Vorschüben*

Mechanisch		Hydraulisch	Pneumatisch	Elektrisch	
gestuft	stufenlos	stufenlos	stufenlos	gestuft	stufenlos
Rädergetriebe a) Schaltgetriebe b) Wechselrädergetriebe c) Umsteckrädergetriebe	Zugmittelgetriebe a) formschlüssig: Lamellenkette b) kraftschlüssig: Keilriemen Rollenkette Reibradgetriebe	Kolben und Zylinder Hydrogetriebe Hydraulikmotor	Kolben und Zylinder[1] Schrittmotor mit hydraulischer Verstärkung	Polumschaltung	Steuer- oder regelbarer Antrieb Schrittmotor mit hydraulischer Verstärkung
Literatur: [1, 7, 24, 29, 32]	Literatur: [31]	Literatur: [6, 15, 23]	Literatur: [20]	Literatur:	Literatur: [8, 18]

[1] Wegen der Kompressibilität der Luft werden Arbeitsvorschübe meist hydro-pneumatisch erzeugt.

3. Abhängigkeit zwischen Haupt- und Vorschubbewegung. Für Werkzeugmaschinen, deren Vorschubbewegung von der Hauptbewegung abhängig ist, wird der Vorschub in mm/U angegeben. Beträgt z. B. der Vorschub an einer Drehmaschine 0,5 mm/U, so bedeutet dies, daß sich ihr Bettschlitten um 0,5 mm je Umdrehung der Arbeitsspindel verschiebt. Die Abhängigkeit zwischen Haupt- und Vorschubbewegung kann durch den Antrieb des Vorschubgetriebes vom Hauptgetriebe aus — meist von der Arbeitsspindel — erreicht werden. Da ein genauer Vorschub beim Drehen nicht unbedingt eingehalten werden muß, kann die Bewegung von der Arbeitsspindel auf die Zugspindel durch einen Riementrieb übertragen werden. Diese Lösung ist für Produktionsdrehmaschinen möglich. Soll auf einer Drehmaschine mittels der Leitspindel Gewinde geschnitten werden, dann muß die Übertragung der Bewegung schlupffrei sein. Diese Bedingung erfüllen Rädergetriebe.

4. Unabhängigkeit zwischen Haupt- und Vorschubbewegung. Bei einer anderen Gruppe von Werkzeugmaschinen (z. B. Fräsmaschinen) ist eine Abhängigkeit zwischen Haupt- und Vorschubbewegung nicht erforderlich. Das Vorschubgetriebe kann in solchen Fällen von einem eigenen Vorschubmotor angetrieben werden, oder der Antrieb wird, was heute bei Fräsmaschinen nur noch verhältnismäßig selten geschieht, von einer mit konstanter Drehzahl umlaufenden Welle des Hauptgetriebes abgeleitet.

Bei Unabhängigkeit zwischen Haupt- und Vorschubbewegung lassen sich mechanisch, hydraulisch oder pneumatisch betriebene stufenlose Vorschubantriebe verwenden. Elektrische Lösungen sind insbesondere für numerisch gesteuerte Werkzeugmaschinen interessant (steuerbarer Gleichstromantrieb, Leonardsatz) Daneben schieben sich bei solchen Maschinen elektrohydraulische Antriebe in den Vordergrund (Hydromotor mit Servoventil) [6].

5. Eilgang und Schleichgang (Kriechgang). Automatisch arbeitende Werkzeugmaschinen sind zur schnellen Überbrückung der zwischen dem Startpunkt und dem Schnittbeginn bzw. der zwischen zwei Bearbeitungsabschnitten im Bewegungszyklus befindlichen Wegstrecken mit einem Eilgang ausgerüstet. Dadurch lassen sich beachtliche Nebenzeitanteile einsparen. Die üblichen Eilganggeschwindigkeiten liegen bei 4 m/min, doch werden auch Maschinen mit Eilgängen von 6···10···12 m/min gebaut. Die obere Begrenzung der Eilganggeschwindigkeit ist durch eine sinnvolle Größe der Vorschubantriebsleistung gegeben.

Bei Konsolfräsmaschinen führt diese Überlegung beispielsweise dazu, den Vertikaleilgang auf den vierten Teil (etwa 1 m/min) der Werte zu beschränken, die für den Längs- und Quereilgang üblich sind.

Wenn kein besonderer Eilgangmotor vorgesehen ist, kann die erhöhte Geschwindigkeit der Schlitten von einer mit hoher Drehzahl umlaufenden Welle (etwa der Eingangswelle) des Vorschubgetriebes abgeleitet werden.

Numerisch gesteuerte Werkzeugmaschinen sind vielfach zum Stillsetzen der Schlitten und Tische mit Abschaltkreisen ausgerüstet, in denen das treibende und das getriebene Glied durch Kupplungen voneinander getrennt und anschließend gebremst werden. Die Bremswirkung kann erst nach Ablauf aller Ansprechverzögerungen der Schaltelemente einsetzen. Die während dieser Zeit entstehenden Abweichungen der Schlittenposition von ihrem Sollwert sind u. a. von der Schlittengeschwindigkeit abhängig und lassen sich in einem Abschaltkreis nicht mehr rückgängig machen. Sie müssen deshalb vermieden oder auf ein zulässiges Maß begrenzt werden. Der Lagefehler nimmt mit wachsender Geschwindigkeit zu.

Um nicht beim Stillsetzen aus höheren Schlittengeschwindigkeiten größere Lage-
abweichungen in Kauf nehmen zu müssen, ist es zweckmäßig, die Geschwindigkeit
vor dem Erreichen der Sollposition in einem Schritt oder in mehreren Schritten
auf die Höhe des Schleichganges, einer extrem niedrigen Schlittengeschwindigkeit,
herabzusetzen und von dort aus auf den Stillstand abzubremsen. Eine mehrstu-
fige Stillsetzung ist vorzugsweise bei Abschaltungen aus dem Eilgang heraus
erforderlich.

Schleichganggeschwindigkeiten haben oft eine Größenordnung von 3···8 mm/min, so daß
in vielen Fällen der kleinste Vorschub als Schleichgang dienen kann. Es gibt aber auch besondere Schleichganggetriebe, die durch eine geeignete Auslegung geringere Abweichungen
von der Sollposition ermöglichen. Auf die Probleme, die bei extrem niedrigen Schlittengeschwindigkeiten an Gleitführungen durch das Ruckgleiten (Stick–Slip-Effekt) auftreten
und die einen Übergang zu Wälzführungen oder hydrostatischen Schlittenführungen not-
wendig machen können, soll hier nicht näher eingegangen werden. Der interessierte Leser
muß auf die einschlägige Literatur zurückgreifen.

6. Anzahl der Vorschubbewegungen (Freiheitsgrade oder Achsen). Wie aus
der Mechanik bekannt, besitzt ein Körper im Raum sechs Freiheitsgrade. Nämlich außer den Verschiebungen längs der Achsen eines rechtwinkligen Koordina-
tensystems ist noch eine Drehung um jede dieser Achsen möglich[1]. Drehmaschinen haben z. B. Werkzeuge, die translatorisch in zwei Koordinatenrichtungen,
nämlich in Längs- und Planrichtung, bewegt werden. Bei Konsolfräsmaschinen
wird das Werkstück mit dem Aufspannschlitten in drei Koordinatenrichtungen
verschoben. An automatisch arbeitenden Werkzeugmaschinen, insbesondere
numerisch gesteuerten Maschinen, sollten möglichst viele Arbeitsoperationen in
einer Werkstückaufspannung durchgeführt werden. Diese Forderung bedingt in
zahlreichen Bearbeitungsfällen Maschinen mit mehreren Freiheitsgraden oder,
wie man auch sagt, Achsen. So gibt es beispielsweise numerisch gesteuerte
Fertigungszentren, auf denen das Werkstück in drei Koordinatenrichtungen verschoben und um eine horizontale und die vertikale Achse geschwenkt wird.

Je nach der Art der Steuerung und der Anzahl der erforderlichen Achsen
können die Bewegungen aus einem gemeinsamen Vorschubgetriebe abgeleitet
werden, oder es werden getrennte Antriebe für eine oder mehrere Bewegungen verwendet. An konventionellen Werkzeugmaschinen herrscht die Tendenz
vor, möglichst viele Bewegungen über Verteilgetriebe (s. Abschn. 13) aus einem
Vorschubgetriebe abzuzweigen. Getrennte Vorschubantriebe für die einzelnen
Achsen sind z. B. an numerisch gesteuerten Maschinen häufig anzutreffen.

7. Bauvolumen. Ein Problem, dem sich der Konstrukteur bei seiner Arbeit
immer wieder gegenübergestellt sieht, besteht in der Beschränkung des für sein
Getriebe zur Verfügung stehenden Einbauraumes. Vor allem vielstufige Rädergetriebe bereiten in dieser Hinsicht manchmal Kopfzerbrechen. Wegen ihrer
Größe sind sie oft nicht leicht harmonisch in das Bild einer Maschine einzufügen.

Um Stufenrädergetriebe mit kleinem Bauvolumen zu bekommen, sollten folgende Grund-
sätze beachtet werden [26]: 1. Überdeckungen sind zu vermeiden, d. h. Vorschübe dürfen
nur auf einem Wege einstellbar sein; 2. Möglichst Bindungen verwenden (als gebunden
werden solche Räder bezeichnet, die die Doppelfunktion eines getriebenen und eines treibenden Rades übernehmen können, vgl. Rad 4 in Bild 5); 3. Die Drehzahlen der zwischen An-
triebs- und Abtriebswelle liegenden Zwischenwellen sind möglichst hoch zu wählen; 4. Die
Drehzahlbereiche der Zwischenwellen sollen klein sein. Wachsende Stufensprünge vom
ersten zum nachfolgenden Teilgetriebe; 5. Kleinstmögliche Zähnezahlen anstreben; 6. Bau-
teile knapp dimensionieren unter Verwendung hochwertiger Werkstoffe; 7. Geschickte Anordnung und konstruktive Gestaltung der Getriebeelemente.

---

[1] Vgl. VDI-Richtlinie 3255.

8. Fernsteuerbarkeit der Vorschubgetriebe. Wenn viele, unterschiedliche Arbeitsoperationen in einer Aufspannung durchgeführt werden müssen, bedingt dies die Einbeziehung des Werkzeug-, des Drehzahl- und des Vorschubwechsels in den automatischen Ablauf. Mit zunehmender Automatisierung tritt daher die Fernsteuerung der Vorschubgetriebe immer mehr in den Vordergrund.

An numerisch gesteuerten Maschinen, die mit Punkt- oder Streckensteuerungen ausgerüstet sind, können grundsätzlich automatisch schaltbare Stufenrädergetriebe in Form von Kupplungsgetrieben eingesetzt werden. Die in Kupplungsgetrieben oft anzutreffenden Lamellenkupplungen lassen sich elektrisch oder hydraulisch betätigen. Maschinen mit Bahnsteuerung erfordern stufenlose Vorschubantriebe (Gleichstrommotoren, Schrittmotoren, Hydraulikmotoren mit Servoventilen usw.).

II. Aufbau wirtschaftlicher Vorschubrädergetriebe

Die in Anlehnung an die Gedanken des Kapitels I durchgeführten Überlegungen werden sehr oft zur Wahl eines *Stufenrädergetriebes* für die Vorschubveränderung führen. Im folgenden sollen daher die speziellen Probleme dieser Getriebe näher beleuchtet werden. Eine für die Berechnung geeignete Darstellung findet der Leser im Werkstattbuch 55 [24]. Einen guten Überblick über die üblichen Bauformen gibt Tab. 2.

Tabelle 2. *Bauformen der Rädergetriebe*

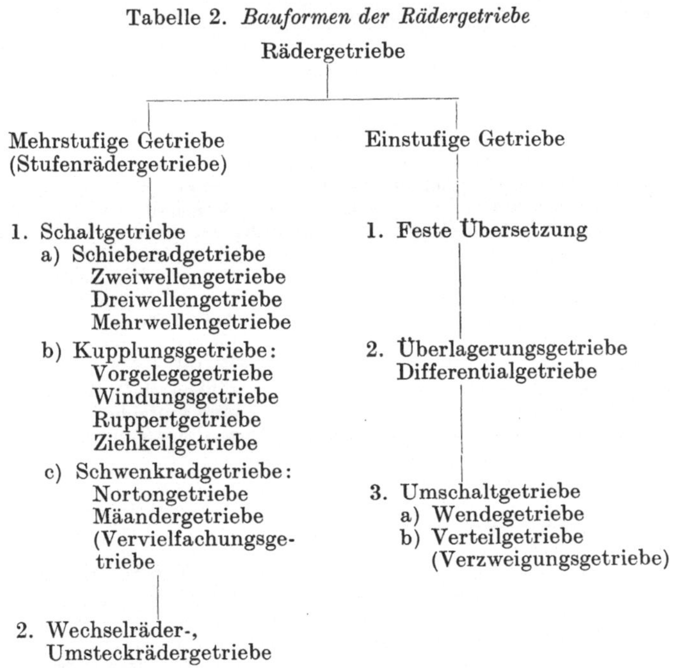

Wie bei Hauptgetrieben werden auch für die Stufung von Vorschlägen geometrische Reihen benutzt. Vorschübe und Stufensprünge sind in DIN 803 (s. auch [24]) genormt. Bedingt durch historische Gründe, wurden Gewindesteigungen *nicht* geometrisch gestuft.

9. Die Schieberadgetriebe als erste Gruppe der Schaltgetriebe stellen für den Werkzeugmaschinenbau eine sehr wichtige Bauform der Stufenrädergetriebe dar.

Sie dienen der stufenweisen Veränderung von Drehzahlen, die meist Glieder einer geometrischen Reihe sind. Durch Schaltmaßnahmen verschiedener Art (z. B. Verschieben von Räderblöcken, Öffnen und Schließen von Kupplungen oder Einschwenken eines Zahnrades) kommen neben- oder hintereinander angeordnete Räderpaare mit unterschiedlicher Übersetzung, s. Gl. (1) S. 12, zur Wirkung, wodurch das zwischen Antriebs- und Abtriebswelle liegende Gesamtübersetzungsverhältnis, s. Gl. (4), eine andere Größe erhält. Die Anzahl der Drehzahlen eines Getriebes oder Teilgetriebes wird als Stufenzahl bezeichnet. Die Endstufenzahl eines aus mehreren Teilgetrieben aufgebauten Getriebes ergibt sich durch Multiplikation der Stufenzahlen der Teilgetriebe.

Das *Schieberadgetriebe* läßt sich als Zwei-, Drei- oder Mehrwellengetriebe aufbauen. Das *Zweiwellengetriebe* (Bild 2) besteht aus mehreren, nebeneinander befindlichen Zahnrädern, die entweder fest auf den Wellen sitzen oder axial verschiebbar sind und zwar so, daß durch eine Verschiebung nur jeweils ein bestimmtes Räderpaar in Eingriff kommt und die Drehbewegung von Welle I auf Welle II überträgt. Das Getriebe wird zwei-, drei- und auch vierstufig ausgeführt. Höhere Stufenzahlen vergrößern die axiale Ausdehnung auf meist nicht mehr tragbare Werte.

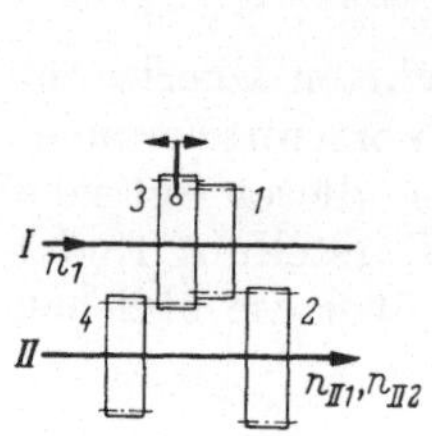

Bild 2. Zweistufiges Zweiwellengetriebe.

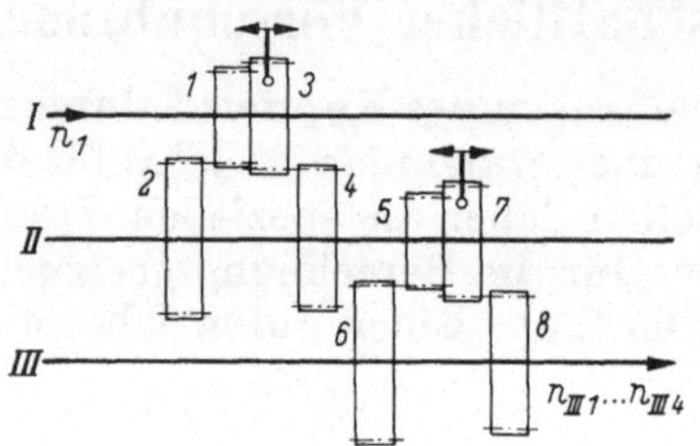

Bild 3. Vierstufiges Dreiwellengetriebe.

Das Zweiwellengetriebe bildet den Baustein, aus dem Drei- und Mehrwellengetriebe aufgebaut werden. Es wird daher oft auch als *Grundgetriebe* bezeichnet.

Das *Dreiwellengetriebe* (Bild 3) entsteht durch Hintereinanderschalten zweier Grundgetriebe, wobei die Welle I des zweiten Teilgetriebes mit der Welle II des ersten Teilgetriebes zusammenfällt. Dreiwellengetriebe gestatten gegenüber Zweiwellengetrieben eine Erweiterung der Stufenzahl, die im allgemeinen vier (= 2 · 2), sechs (= 2 · 3), acht (= 2 · 4) oder neun (= 3 · 3) beträgt. Durch mehrfaches Hintereinanderschalten von Zweiwellengetrieben entstehen *Mehrwellengetriebe* (Bild 4), die eine Erhöhung der Stufenzahl um weitere Faktoren zulassen.

Aus wirtschaftlichen Gründen ist für ein Getriebe stets das Minimum des Aufwandes an Wellen, Zahnrädern, Lagern usw. anzustreben. Ein Mittel zur Einsparung von Zahnrädern sind *gebundene Getriebe*. Durch eine einfache Bindung wird die Anzahl der Zahnräder dadurch um eines

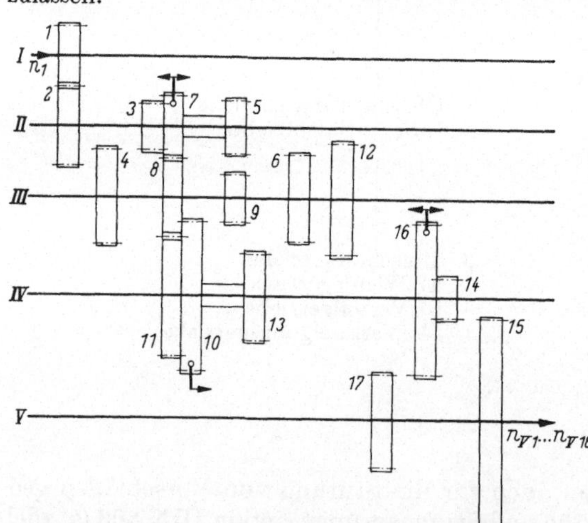

Bild 4. 18-stufiges, einfach gebundenes Mehrwellengetriebe.

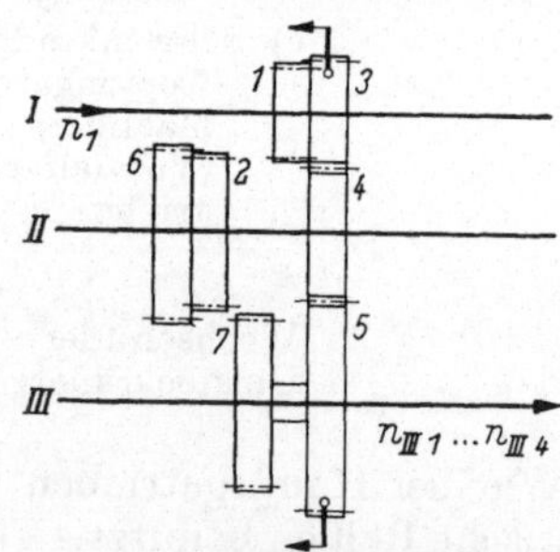

Bild 5. Vierstufiges Dreiwellengetriebe mit einfacher Bindung.

vermindert, daß zwei Räder, die sich auf derselben Welle befinden und zunächst nur annähernd gleiche Zähnezahlen besitzen, zu einem Rad zusammengefaßt werden. Dieses Rad vermag jetzt gleichzeitig die Funktion eines getriebenen und im nachfolgenden Teilgetriebe die Funktion eines treibenden Rades auszuüben (Rad 4 in Bild 5). In doppelt gebundenen Getrieben werden durch Zusammenfassung von vier Rädern zwei Räder eingespart. Dreifache Bindungen lassen sich bei geometrischer Drehzahlstufung nicht verwirklichen [32].

10. Die Kupplungsgetriebe, zweiwellig aufgebaut, sind die zweite große Gruppe der für den Werkzeugmaschinenbau wichtigen, Schaltgetriebe. Das einfachste Getriebe dieser Art ist als *Vorgelege* bekannt. Vorgelegegetriebe können zwei- oder mehrstufig ausgeführt werden. Das zweistufige Vorgelege ist aus einem Dreiwellengetriebe entstanden zu denken, das zwei feste Übersetzungen enthält (Bild 6). Durch Zurückschwenken der Welle III, die nun zu einer Hohlwelle wird, auf die Welle I, erhält man ein zweiachsiges Getriebe mit gleichachsigem An- und Abtrieb (Bild 7). Wegen der rückkehrenden Hintereinanderschaltung — im Gegensatz zur weitertreibenden — wird dieses Getriebe verschiedentlich auch als *Rückkehrgetriebe* bezeichnet. Kennzeichnend für ein Vorgelege ist, daß eine der Abtriebsdrehzahlen wegen der direkten Kupplung von Antriebs- und Abtriebswelle mit der Antriebsdrehzahl übereinstimmen muß. Die für die zweite Drehzahl (beim zweistufigen Vorgelege) maßgebende Übersetzung ist auf zwei Räderpaare aufgeteilt, so daß sich hohe Gesamtübersetzungen erzielen lassen. Wegen dieser vorteilhaften Eigenschaft werden Vorgelege zur Erweiterung des Drehzahlbereiches anderer Getriebeformen gerne nachgeschaltet.

Zu den Getrieben der Vorgelegeform gehören auch die *Windungsgetriebe* (Bild 9). Das sind Zweiwellengetriebe mit ungleichachsig liegendem An- und Abtrieb, deren Entstehung man dem äußeren Aufbau nach durch das Zusammenfügen von zwei mit den Wellen vertauschten Vorgelegegetrieben erklären kann [11, 27]. Die beiden mittleren Räderpaare sind dabei zu einem Paar zusammengeschmolzen. Dem Drehzahlverhalten nach ist es allerdings richtiger, diese Getriebeform aus einem Vorgelege und einem weitertreibenden Getriebe (Bild 8) abzuleiten [27]. Den Windungsgetrieben nahe verwandt sind die zweiachsigen Kupplungsgetriebe, die als *Ruppertgetriebe* bezeichnet werden[1]. Solche Getriebe (Bilder 10 u. 11) bauen sich aus axial hintereinandergeschalteten zweistufigen Vorgelegen auf, deren mittlere Räderpaare jeweils zu einem Paar verschmolzen sind. Durch eine entsprechende Anzahl von Hintereinanderschaltungen ergeben sich Getriebe mit vier oder acht Stufen. Theoretisch läßt sich die Anzahl der Drehzahlstufen auf 16, 32 usw. erweitern. In der Praxis empfiehlt es sich aus konstruktiven und wirtschaftlichen Gründen jedoch nicht, über acht Stufen hinauszugehen.

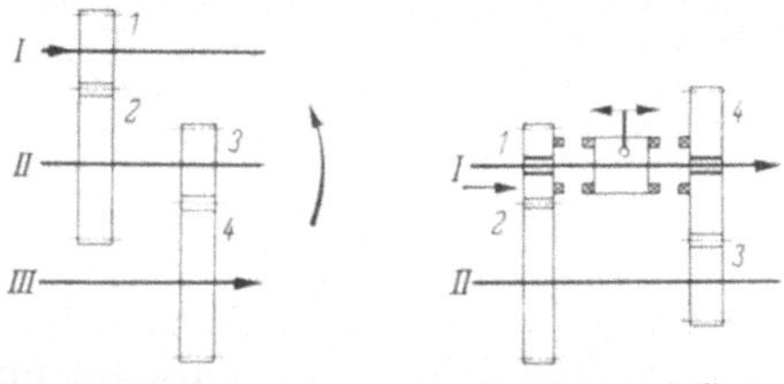

Bild 6. Entstehung eines zweistufigen Vorgeleges aus einem Dreiwellengetriebe.

Bild 7. Zweistufiges Vorgelege.

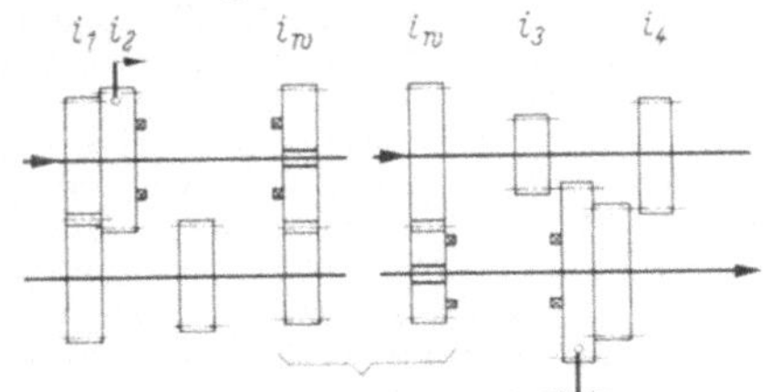
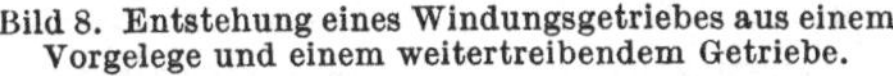

Bild 8. Entstehung eines Windungsgetriebes aus einem Vorgelege und einem weitertreibendem Getriebe.

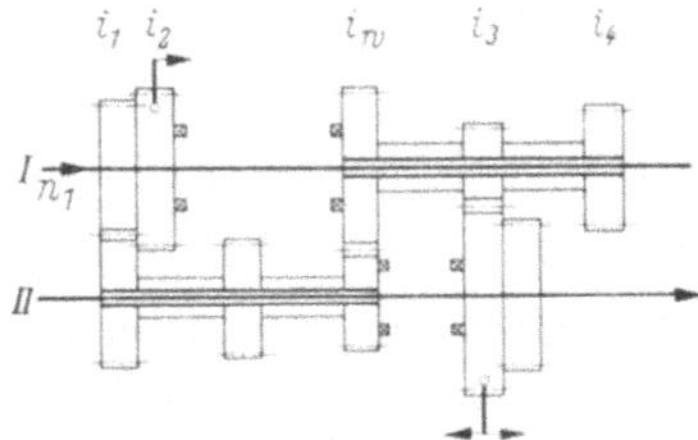

Bild 9. Neunstufiges Windungsgetriebe.

Auf den beiden Wellen eines Ruppertgetriebes befinden sich Zahnräder, die paarweise miteinander im Eingriff stehen. Jedes dieser Räder bis auf das erste, das fest mit der Welle

---

[1] So genannt nach den Erfindern S. und F. RUPPERT, für die dieses Getriebe im Jahre 1901 patentrechtlich geschützt wurde.

verbunden ist, läuft lose auf seiner Welle um und ist mit einer Kupplung verbunden. Durch das Einschalten der Kupplungen gelangen unterschiedliche Übersetzungen zur Wirkung. Bei den Ruppertgetrieben sind gleichachsige Getriebe, bei denen An- und Abtrieb auf derselben Welle liegen, von ungleichachsigen Getrieben zu unterscheiden, deren Abtrieb von der zweiten Welle aus erfolgt.

Dem Vorteil des zweiwelligen Aufbaues steht bei den Ruppertgetrieben der Nachteil des fortwährenden Zahneingriffes aller Räderpaare gegenüber, wodurch hohe Radumfangsgeschwindigkeiten beim Rücktreiben der Räder ins Schnelle auftreten können. Günstig ist dagegen die gute Fernsteuerbarkeit (z. B. über elektromagnetische Lamellenkupplungen). Ruppertgetriebe werden aus diesem Grunde gern an automatisch arbeitenden Werkzeugmaschinen verwendet.

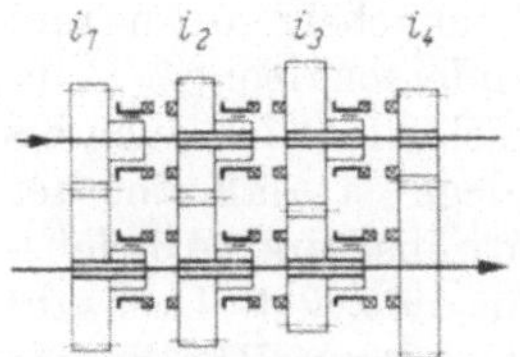

Bild 10. Achtstufiges ungleichachsiges Ruppertgetriebe.

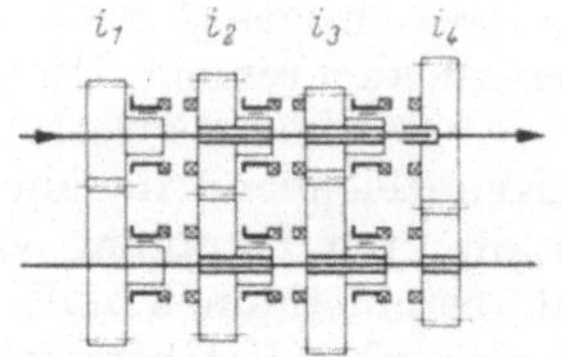

Bild 11. Achtstufiges gleichachsiges Ruppertgetriebe.

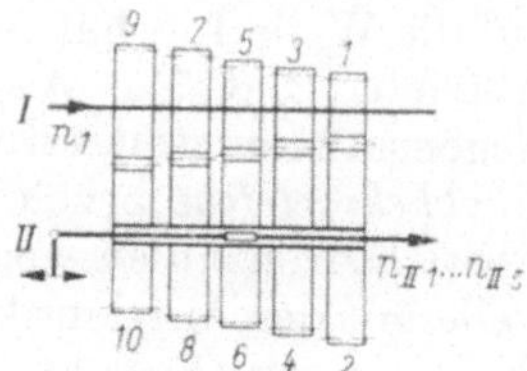

Bild 12. Ziehkeilgetriebe.

Das *Ziehkeilgetriebe* (Bild 12) ist ebenfalls ein Zweiwellengetriebe, in dem alle Räderpaare ständig im Eingriff sind. Sein Anwendungsbereich ist wegen der geringen übertragbaren Momente recht eingeschränkt. Man trifft es manchmal noch als Vorschubgetriebe an kleinen Bohr- und Drehmaschinen. Die auf der Antriebswelle befindlichen Zahnräder sind mit dieser fest verbunden. Eines der lose mitlaufenden Räder auf der zweiten Welle ist jeweils über den in axialer und radialer Richtung beweglichen Ziehkeil mit der Welle kuppelbar.

11. Schwenkradgetriebe. Das vermutlich bekannteste Getriebe dieser Art ist das *Nortongetriebe* (Bild 13), in dem über das Schwenkrad 7 zwischen Antriebs- und Abtriebswelle unterschiedliche Übersetzungsverhältnisse eingeschaltet werden können. Das Schwenkrad arbeitet nur als Zwischenrad, so daß seine Zähnezahl auf die Übersetzung ohne Einfluß bleibt. Das Getriebe hat den Vorteil einer gedrängten Anordnung der Zahnräder. Nur die tatsächlich benötigten Räder sind im Eingriff. Nachteilig ist die geringe Stabilität der Schwinge, die das Schwenkrad trägt. Deshalb eignet sich das Getriebe nur für kleine Leistungen. Auch hohe Radumfangsgeschwindigkeiten sind unzulässig.

Ein weiteres Getriebe dieser Gruppe ist das *Mäander- oder Vervielfachungsgetriebe* (Bild 14), das dieselben Nachteile wie das Nortongetriebe aufweist. Das erste Zahnrad auf der Antriebswelle ist mit dieser fest verbunden, während die übrigen Räder paarweise auf Hohlwellen sitzen, sich also lose mitdrehen. Über ein Schwenkrad 8 ist die gewünschte Übersetzung einschaltbar. Alle Räderpaare sind ständig im Eingriff.

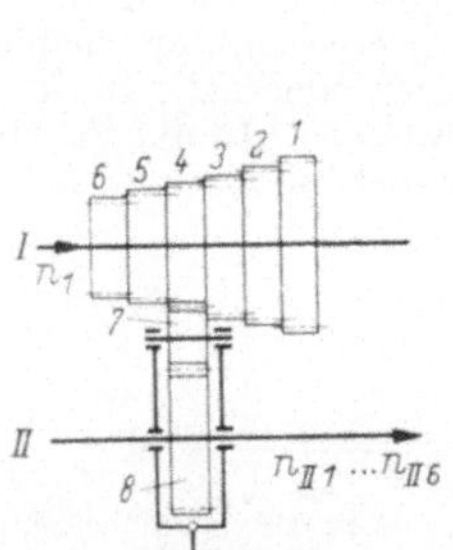

Bild 13. Nortongetriebe.

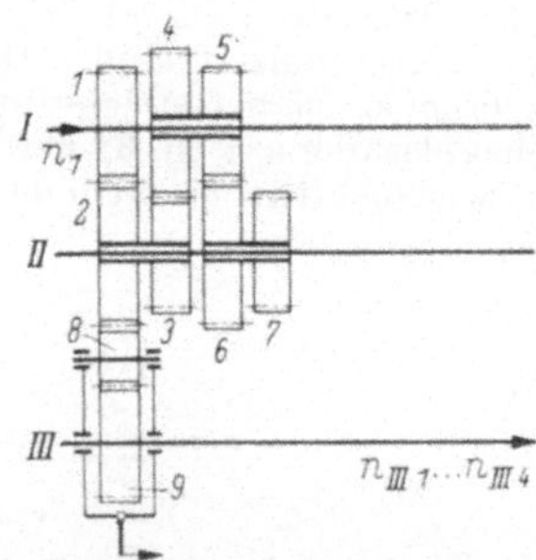

Bild 14. Mäander- oder Vervielfachungsgetriebe.

12. Wechsel- und Umsteckrädergetriebe. Während in den bisher betrachteten Schaltgetrieben die jeweils möglichen Übersetzungsverhältnisse durch im Getriebekasten eingebaute Räderpaare vorgegeben sind und durch Schaltmaßnahmen unterschiedlicher Art zur Wirkung gebracht werden, gilt dies für die anschließend betrachteten Wechsel- und Umsteckrädergetriebe nicht mehr. Sie bilden daher eine besondere Gruppe der Stufenrädergetriebe (Tab. 2, S. 7).

Wechselrädergetriebe (Bild 15) dienen der stufenweisen Veränderung von Drehzahlen durch von Hand austauschbare Zahnräder. Diese verbinden zwei Wellen mit festem Achsabstand unter Verwendung eines ebenfalls von Hand auswechselbaren Zwischenrades (oder mehrerer Räder), das auf einem schwenkbaren Hebel, der Wechselradschere, befestigt ist. Die Achse des Zwischenrades, der sogenannten Scherenbolzen, ist in der Längsrichtung der Wechselradschere verschiebbar. Durch das Schwenken der Schere und das Verschieben des Scherenbolzens können die beim Wechseln der Räder auftretenden Unterschiede im Achsabstand ausgeglichen werden. Wechselrädergetriebe sind besonders dann kostensparend, wenn ein Getriebekasten ganz wegfallen oder in seinem Umfang stark eingeschränkt werden kann. An modernen Leit- und Zugspindeldrehmaschinen wird dieser Weg jedoch nicht mehr beschritten, um Bedienzeit zu sparen. Die gebräuchlichen Steigungen sind über Hebel einstellbar. Die Wechselräder müssen bei diesen Maschinen erst dann ausgetauscht werden, wenn andere als die einstellbaren Steigungen geschnitten werden sollen. In diesen Fällen ist eine Berechnung der Wechselräder nicht zu vermeiden.

Bild 15. Wechselrädergetriebe an einer Leit- und Zugspindeldrehmaschine (Ludw. Loewe GmbH).

a Zwischenrad; b Wechselradschere; c Scherenbolzen; z_1, z_2 Wechselräder.

In *Umsteckrädergetrieben* werden ähnlich wie in Wechselrädergetrieben zwei Wellen, nämlich die Antriebs- und die Abtriebswelle, durch ein austauschbares Räderpaar miteinander verbunden. Alle Räderkombinationen müssen jedoch — im Gegensatz zu den Verhältnissen in Wechselrädergetrieben — den einmal zwischen diesen beiden Wellen festgelegten Achsabstand einhalten. Außer diesen einfachen Getrieben gibt es auch solche mit einer oder mehreren zusätzlichen Wellen zwischen An- und Abtrieb, bei denen also drei oder mehr Räder gleichzeitig aufgesteckt werden können [5].

13. Die einstufigen Getriebe werden im Werkzeugmaschinenbau häufig Stufenrädergegrieben zusätzlich vor- oder nachgeschaltet. Durch bestimmte Maßnahmen (z. B. Einfügen von Umsteckrädern) können aus manchen dieser Getriebe wiederum mehrere Drehzahlen gewonnen werden.

Das einfachste einstufige Getriebe ist die *feste Übersetzung*. Diese besteht aus einem fest eingebauten, nicht schaltbaren Zahnräderpaar, wie es beispielsweise als Eingangsübersetzung in Schaltgetrieben vorkommt (zwischen Welle I und II in Bild 4). Durch eine Veränderung der Eingangsübersetzung läßt sich die Lage der Drehzahlen eines nachgeschalteten Getriebes beim Bau einer Maschine (nicht bedienungsmäßig) nach oben oder unten verschieben, nicht aber der Drehzahlbereich vergrößern oder verkleinern.

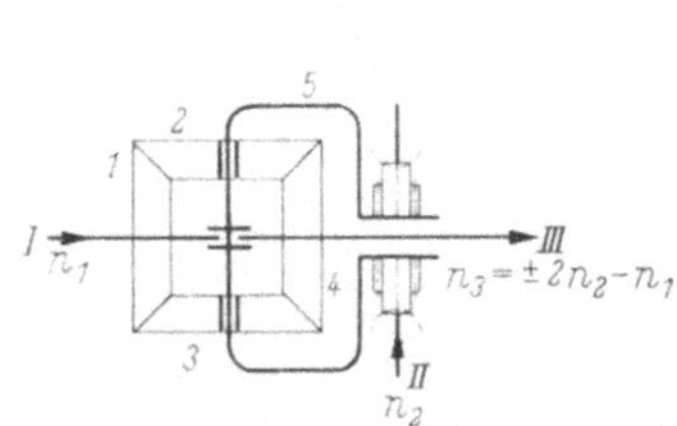

Bild 16. Überlagerungsgetriebe (Differentialgetriebe).

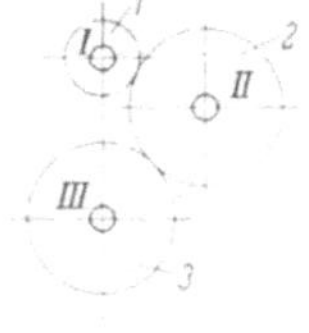

Bild 17. Stirnradwendegetriebe.

Ein *Überlagerungsgetriebe* in der Form eines aus Kegelrädern aufgebauten Differentials zeigt Bild 16. In solchen Getrieben sind die Wellen I und III sowie der Steg 5 drehbar im Getriebegehäuse gelagert. Bei Vorgabe zweier Drehzahlen (etwa n_1 und n_2) ist die dritte Drehzahl (n_3) festgelegt.

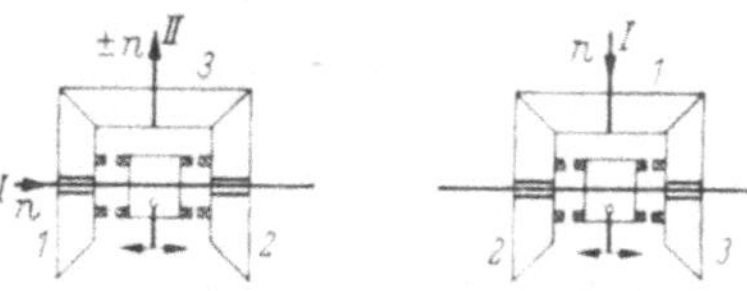

Bild 18. Kegelradwendegetriebe.

Durch *Wendegetriebe* (Bilder 17 u. 18), die sich aus Stirnrädern oder Kegelrädern aufbauen lassen, wird die Drehrichtung einer Welle geändert. Kennzeichnend für das Stirnradwendegetriebe ist das Vorhandensein eines Räderpaares mit Zwischenrad. Beim Kegelradwendegetriebe, dessen Vorteil sein geringes Bauvolumen sein kann, liegen die Antriebs- und die Abtriebswellen entweder rechtwinklig zueinander oder in der gleichen Achsrichtung. Mit dem Wenden läßt sich auch ein Wechsel der Übersetzung verbinden. Auf diese Weise erzielt man den an Bohrmaschinen oft gewünschten Eilrücklauf des Werkzeuges. Durch sinnvolle Wahl des Übersetzungsverhältnisses ergibt sich ferner bei doppeltem Wenden, das durch gleichzeitiges Wenden des Getriebes und des Antriebsmotors erreicht wird, die doppelte Anzahl von Vorschüben.

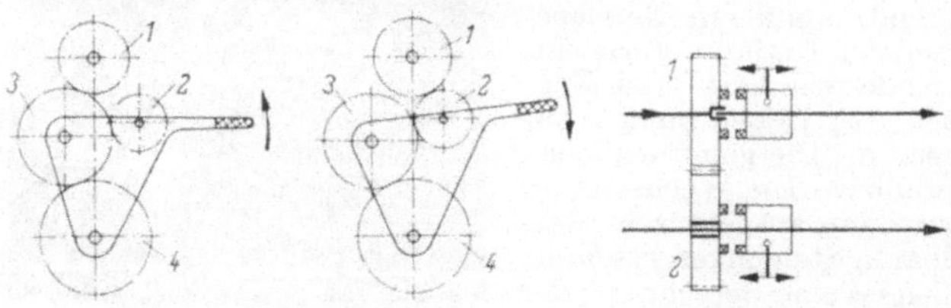

Bild 19. Wendeherzgetriebe.

Bild 20.   Verteil- oder Verzweigungsgetriebe.

Das *Wendeherzgetriebe* (Bild 19), das in älteren Drehmaschinen zu finden ist, gehört auch zur Gruppe der Wendegetriebe. Dem Aufbau nach ist es jedoch den Schwenkradgetrieben zuzuordnen. *Verteil- oder Verzweigungsgetriebe* (Bild 20) leiten die vom Antrieb kommende Drehbewegung entweder auf eine aus mehreren Wellen ausgewählte Abtriebswelle oder gleichzeitig auf mehrere Abtriebswellen weiter. Getriebe dieser Art finden sich z. B. dort in Werkzeugmaschinen, wo Vorschübe über eine gemeinsame Welle auf Schlitten, Tische usw. verteilt werden müssen, die sich in mehreren Koordinatenrichtungen bewegen lassen.

14. Grundgleichungen. Das *Übersetzungsverhältnis* oder kürzer die Übersetzung eines Räderpaares ist nach DIN 868 gegeben durch:

$$i = \frac{n_1}{n_2} = \frac{z_2}{z_1}, \tag{1}$$

wenn der Index 1 das treibende und der Index 2 das getriebene Rad kennzeichnet (Bild 21). Aus der Gleichheit der Teilkreisgeschwindigkeit beider Räder folgt weiterhin auch $i = d_{02}/d_{01}$. Sind n_1 und n_2 Normdrehzahlen, dann muß zwischen Übersetzung und Stufensprung die Beziehung:

$$i = \varphi^{m*} \tag{2}$$

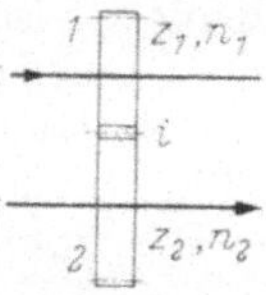

erfüllt sein, wobei φ ein Normstufensprung ist. Für den Exponenten aus Gl. (2) gilt:

Bild 21. Übersetzungsverhältnis.

$$m* = \frac{\lg i}{\lg \varphi}. \tag{3}$$

Die *Gesamtübersetzung* mehrerer hintereinandergeschalteter Zahnräderpaare ist dem Produkt der Teilübersetzungen gleich. Allgemein gilt:

$$i = i_{ges} = i_1 \cdot i_2 \cdot \ldots \cdot i_n. \tag{4}$$

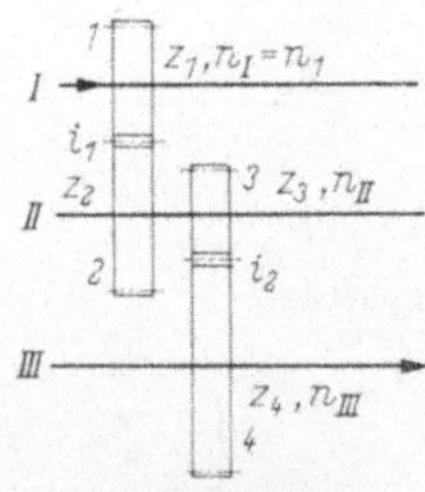

Bild 22. Gesamtübersetzungsverhältnis
$i_{ges} = i_1 \cdot i_2$.

In Bild 22 ist speziell $i = i_{ges} = i_1 \cdot i_2$. Um bei Getrieben mit mehreren Wellen und unterschiedlichen Abtriebsdrehzahlen den Überblick zu behalten, bezeichnet man die Drehzahlen zweckmäßigerweise mit den die Wellen kennzeichnenden römischen Zahlen, die im allgemeinen in Richtung des Kraftflusses wachsend angesetzt werden (Bild 22)[1]. Für die Teilübersetzungen erhält man dann:

$$i_1 = \frac{n_\mathrm{I}}{n_\mathrm{II}}; \qquad i_2 = \frac{n_\mathrm{II}}{n_\mathrm{III}}.$$

[1] Da meist nur eine Antriebsdrehzahl vorhanden ist, kann diese auch weiterhin mit n_1 bezeichnet werden.

Falls mehr als eine Drehzahl je Welle vorhanden ist, wird für diese als zweiter Index noch eine arabische Zahl hinzugefügt (Bild 23):

$$i_1 = \frac{n_\mathrm{I}}{n_{\mathrm{II}_1}}; \qquad i_2 = \frac{n_\mathrm{I}}{n_{\mathrm{II}_2}}.$$

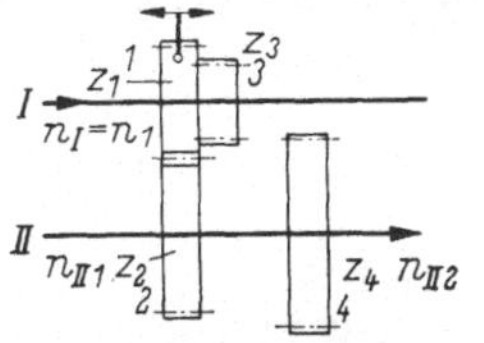

Der *Achsabstand* zweier Zahnräder errechnet sich mit der Zähnezahl z und dem Modul m zu:

$$A = \frac{(z_1 + z_2) \cdot m}{2} = \frac{d_{01} + d_{02}}{2}. \tag{5}$$

Bild 23. Bezeichnungsweise bei Getrieben mit mehreren Abtriebsdrehzahlen.

Sind mehrere Räderpaare zur Bewegungsübertragung zwischen zwei Wellen vorhanden, so gilt bei gleichem Modul:

$$A = \frac{(z_1 + z_2) \cdot m}{2} = \frac{(z_3 + z_4) \cdot m}{2} = \cdots = \frac{(z_{g-1} + z_g) \cdot m}{2} = \text{const.} \tag{6}$$

Unter der gemachten Voraussetzung muß also zur Einhaltung des Achsabstandes auch die Zähnezahlsumme konstant bleiben:

$$z_1 + z_2 = z_3 + z_4 = \cdots = z_{g-1} + z_g = \text{const.} \tag{7}$$

Bei unterschiedlichen Moduln $m_1, m_2, m_3, \ldots$ gilt bei wiederum konstant gehaltenem Achsabstand A anstelle der Gl. (7):

$$(z_1 + z_2) \cdot m_1 = (z_3 + z_4) \cdot m_2 = \cdots = (z_{g-1} + z_g) \cdot m_{g/2} = \text{const.} \tag{8}$$

Die Zähnezahlsumme des $g/2$ten Räderpaares ist dann bestimmbar aus:

$$z_{g-1} + z_g = \frac{m_1}{m_{g/2}} \cdot (z_1 + z_2). \tag{9}$$

Diese Gleichung führt vielfach nicht auf ganze Zahlenwerte für die Zähnezahlsumme. In solchen Fällen ist der geforderte Achsabstand durch eine Profilverschiebung wieder herstellbar [33].

15. Drehzahlbild, Aufbaunetz und Berechnung. (Ausführliche Behandlung im Werkstattbuch 55 [24]). Für Berechnung und Entwurf eines Stufenrädergetriebes eignet sich für den Praktiker besonders die von GERMAR [7] entwickelte zeichnerisch-rechnerische Methode, da durch das Aufbaunetz bzw. durch das Drehzahlbild ein guter Überblick über den inneren Aufbau des Getriebes zu gewinnen ist. Die Berechnung darf jedoch nicht rein formal durchgeführt werden, sondern der Konstrukteur muß als Lösung der ihm gestellten Aufgabe das technisch und wirtschaftlich optimale Getriebe suchen. Hierzu ist u. a. erforderlich, daß er sich über die zu wählende Getriebeform und die günstigste Verteilung der Stufen und der Gesamtübersetzung auf die Teilgetriebe Klarheit verschafft [32].

Das *Drehzahlbild,* das nur für ein bestimmtes Getriebe gilt, zeigt die Übersetzungsverhältnisse i für die einzelnen Räderpaare des Getriebes durch eine Verbindungslinie zwischen zwei zugehörigen Drehzahlpunkten auf den Wellen.

Das hervorstechende Merkmal eines *Aufbaunetzes* ist seine symmetrische Form. Es zeigt nicht wirkliche Größen von Übersetzungen, sondern es verdeutlicht die Gesetzmäßigkeiten im inneren Aufbau und den jeweiligen Weg der Kraftübertragung. Daher ist ein bestimmtes Aufbaunetz stets für alle zugehörigen Getriebe gültig, unabhängig davon, wie in der Praxis Drehzahlen und Übersetzungen gewählt werden. Das Drehzahlbild kann als ein verzerrtes Aufbaunetz angesehen werden.

Die *Berechnung* von Stufenrädergetrieben wird in der Literatur eingehend behandelt [1, 3, 5, 7, 24, 25, 27, 29, 32].

16. Konstruktionsbeispiele. a) Fernsteuerbarer Haupt- und Vorschubantrieb einer Leit- und Zugspindeldrehmaschine (Bild 24). Die Elektromagnetkupplungen auf den

Wellen 1 und 3 im Hauptgetriebe gestatten einen fernsteuerbaren Wechsel der Spindeldrehzahlen, der auch unter Last erfolgen kann. Über die Wechselräder w_1 bis w_3 wird der Vorschubantrieb bewirkt, so daß ebenfalls über Elektromagnetkupplungen ferngesteuert ein Wechsel der Abtriebsdrehzahlen ermöglicht wird.

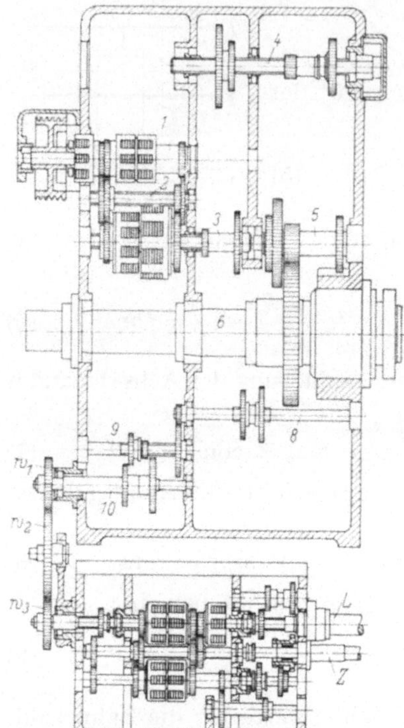

b) Eilgang- und Vorschubantrieb eines Fräsmaschinentisches (Bild 25). Für den Antrieb des Maschinentisches sind 2 Motoren vorhanden: Motor m2 bewirkt den Vorschub. Er treibt über ein Zahnradpaar (a) ein Kegelradpaar (b), Umsteckräder (c), einen Schneckentrieb (d), ein Planetengetriebe (h) und ein weiteres Zahnradpaar (e) die Spindelmutter (f) an, die die Tischspindel in ihrer Längsrichtung verschiebt. Während des Vorschubes führt die Tischspindel keine Drehbewegung aus. Der Motor ist zum schnellen Stillsetzen mit einer Bremse ausgerüstet. Die Vorschubgröße kann durch die Umsteckräder (c) verändert werden.

Motor m1 bewirkt den Eilgang. Er treibt über ein Zahnradpaar (g) und über ein Planetengetriebe (h) ebenfalls das Zahnradpaar (e) an, das über die Spindelmutter die Längsbewegung der Tischspindel erzeugt. Auch der Eilgangmotor ist mit einer Bremse versehen. Die Eilgangbetätigung erfordert keine Getriebeverstellung.

c) Fernsteuerbarer Vorschubantrieb einer Konsolfräsmaschine (Bild 26). Der Motor 1 treibt über Ketten das 24stufige Vorschubgetriebe 2

Bild 24. Haupt- und Vorschubantrieb einer Leit- und Zugspindeldrehmaschine mit Fernsteuerbarkeit der Drehzahlen und Vorschübe durch Elektro-Magnetkupplungen (VDF-Mitt. 32).

1 bis *10* Wellen im Hauptgetriebe, *L* Leitspindel, *Z* Zugspindel, w_1, w_2, w_3 Wechselräder.

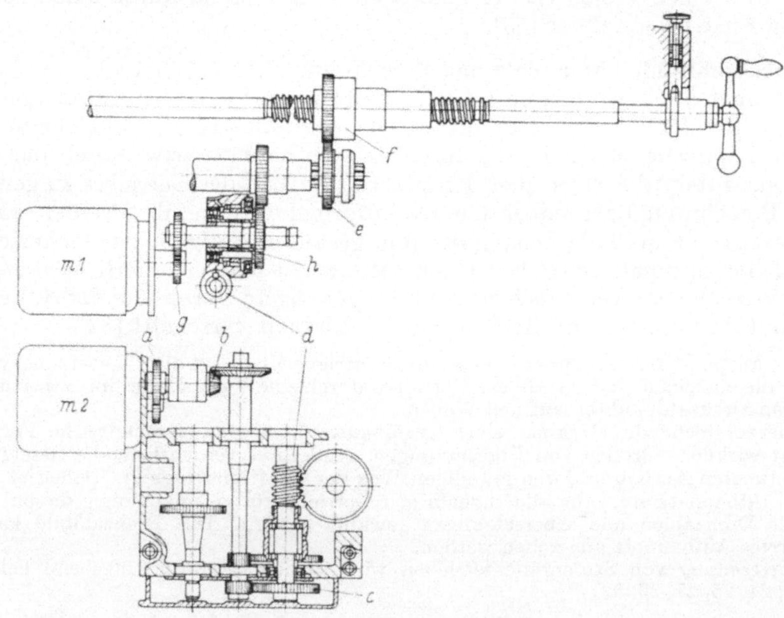

Bild 25.   Eilgang- und Vorschubantrieb eines Fräsmaschinentisches. *m1* Eilgangmotor, *m2* Vorschubmotor. (Ludw. Loewe GmbH).

an. Diesem nachgeschaltet ist ein Verteilgetriebe 3, das die Antriebsbewegung zur Längs-, Quer- oder Senkrechtbewegung des Tisches jeweils auf die entsprechenden Verstellspindeln überträgt. Die Verwendung zahlreicher Elektromagnetkupplungen macht das Getriebe fernsteuerbar und damit geeignet für automatische Arbeitsweise. Bild 27 zeigt die Ausführung des Vorschubgetriebes.

d) Getriebeplan einer Wälzfräsmaschine (Bild 28). Der Fräser a wird vom Motor M_1 mit veränderlichen Drehzahlen angetrieben, die über die Umsteckräder 1, 2 erzielt werden. Das Teilen der Werkstücke auf dem Tisch c zur Erzeugung der jeweiligen Zähnezahl wird durch die Teilwechselräder Z_1, Z_2, Z_3, Z_4 bewirkt. Die Betätigung der Axial-Vorschubspindel XVI erfolgt über die Vorschubwechselräder Z_5, Z_6, Z_7, Z_8. Die

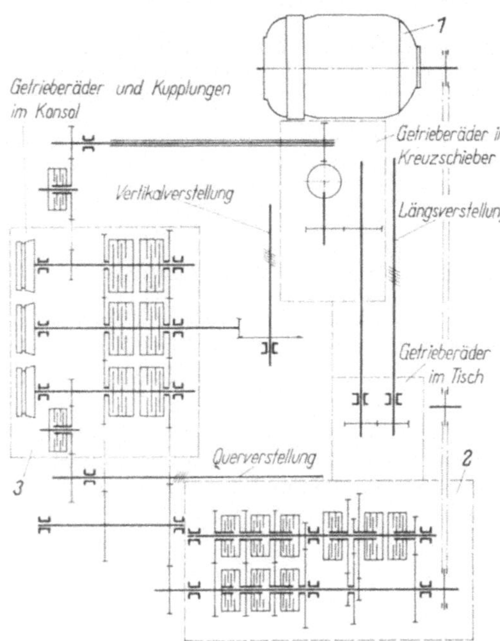

Bild 26. Dreiachsiger Vorschubantrieb einer Konsolfräsmaschine (Wanderer-Werke).
1 Motor; *2* Vorschubgetriebe; *3* Verteilgetriebe

Bild 27. Ansicht des 24-stufigen, fernsteuerbaren Vorschubgetriebes aus Bild 26. Rechts unten das antreibende Kettenrad (Wanderer-Werke).

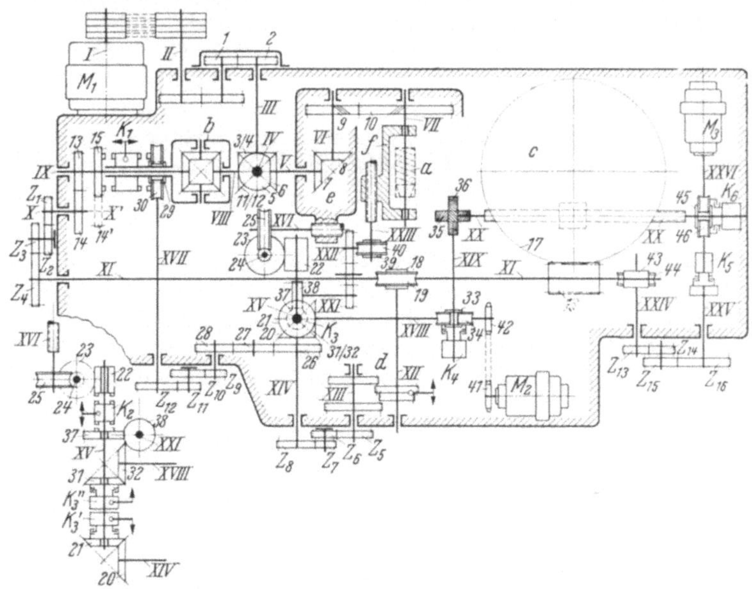

Bild 28. Getriebeplan einer Abwälzfräsmaschine (H. Pfauter).

beim Fräsen von Schrägverzahnungen notwendige Zusatzdrehung des Werkstücks wird vom Differentialgetriebe b ermöglicht und in ihrer Größe durch die Differentialwechselräder Z_9, Z_{10}, Z_{11}, Z_{12} bestimmt. Weitere Wechselräder für Radialvorschub zum Tauch-Längsfräsen befinden sich bei Z_{13}, Z_{14}, Z_{15}, Z_{16}.

Dieses Getriebe, das zu den komplizierteren im Werkzeugmaschinenbau zählt, enthält demnach 1 Satz Umsteckräder und 2 Sätze Vorschubwechselräder für Axial- und Radialvorschub. Für die Übersetzungsverhältnisse dieser Rädersätze gibt es keine Genauigkeitsfragen, da sowohl die Schnitt- als auch die Vorschubgeschwindigkeit unabhängige Werte sind. Weiter enthält es die Teilwechselräder und die Differentialwechselräder. Hier stehen die Übersetzungsverhältnisse in Beziehung zu den Verzahnungsdaten und müssen im Rahmen der für die Verzahnung zulässigen Fehler bleiben. Vgl. Abschn. 39 und zugehörige Beispiele, sowie [33].

III. Anpassung der Vorschübe an die Fertigungsaufgabe

Die am Ausgang der bisher beschriebenen Rädergetriebe erzeugte Drehbewegung wird meist in *geradlinige Vorschubbewegungen* umgesetzt. Für diese Umsetzung sind die üblichen Mittel Gewindespindel und Mutter einerseits oder Ritzel und Zahnstange andererseits bestens bewährt. Zusammen mit dem Vorschubgetriebe lassen sich auf diese Weise die Vorschübe an die jeweilige Fertigungsaufgabe wie Schruppen, Schlichten, Gewindeschneiden o. ä. anpassen. *Umlaufende Vorschubbewegungen* werden über Räder- oder Schneckentriebe umgesetzt und angepaßt (Wälzvorschübe, Teilkopffräsen u. a.).

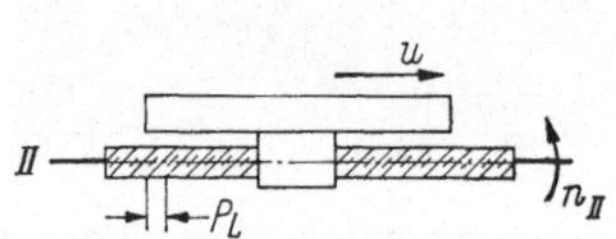

Bild 29. Schema eines Schlittenantriebes über Gewindespindel und Mutter.

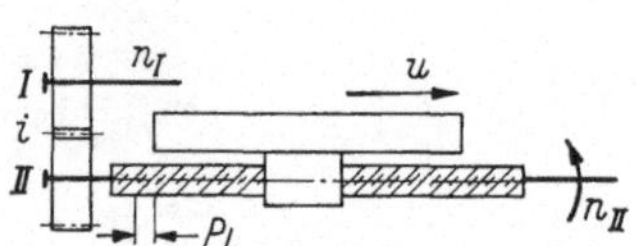

Bild 30. Schema eines Schlittenantriebes von der Arbeitsspindel aus.

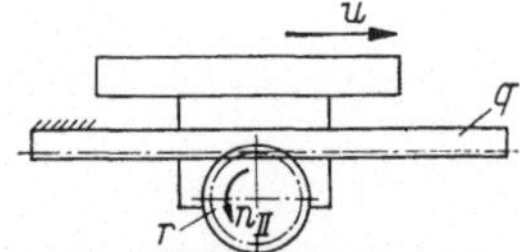

Bild 31. Schema eines Schlittenantriebes über Zahnstange q und Ritzel r.

17. Vorschubgeschwindigkeit eines Werkzeugmaschinenschlittens. a) Antrieb über Gewindespindel und Mutter. Es wird der Schlitten einer Werkzeugmaschine betrachtet, der seinen Antrieb von einer Gewindespindel II mit der Steigung P_L erhält (Bild 29). Durch eine am Tisch befestigte Mutter läßt sich die Drehbewegung der Spindel in eine geradlinige Schlittenbewegung umformen. Die Geschwindigkeit des Schlittens wird in mm/min (Eilgänge in m/min) angegeben und beträgt für diesen Fall der *Unabhängigkeit* zwischen Haupt- und Vorschubbewegung dann:

$$u = P_L \cdot n_{\mathrm{II}} . \tag{10}$$

Bekommt die Gewindespindel II ihren Antrieb über Zahnräder von einer Welle I, die beispielsweise die Arbeitsspindel einer Drehmaschine sei (Bild 30), so bezieht man die Geschwindigkeit u des Schlittens üblicherweise auf die Drehzahl der Arbeitsspindel. Die Vorschübe werden in mm/U angegeben. In diesem Fall der *Abhängigkeit* zwischen Haupt- und Vorschubbewegung erhält man den Vorschub s aus:

$$u = s \cdot n_{\mathrm{I}}; \tag{11}$$

$$s = \frac{u}{n_{\mathrm{I}}} = P_L \cdot \frac{n_{\mathrm{II}}}{n_{\mathrm{I}}} \tag{12}$$

oder auch: $s = \dfrac{P_L}{i}$.

b) Antrieb über Ritzel und Zahnstange. Der Schlitten soll nun durch ein Ritzel r angetrieben werden, das in eine Zahnstange q eingreift (Bild 31). Das

Ritzel habe die Zähnezahl z, den Modul m und die Drehzahl n_{II}. Dann beträgt die Schlittengeschwindigkeit in mm/min für den Fall der *Unabhängigkeit* von Haupt- und Vorschubbewegung:

$$u = d_0 \cdot \pi \cdot n_{II} = z \cdot m \cdot \pi \cdot n_{II} \,. \tag{13}$$

Befinden sich zwischen einer Welle I, die wiederum die Arbeitsspindel einer Drehmaschine darstellen möge, und einer Ritzelwelle III mehrere Zahnradübersetzungen, so findet man für die in diesem Falle *abhängige* Vorschubgeschwindigkeit unter sinnvoller Benutzung der Gln. (11) und (13):

$$s \cdot n_I = u = z \cdot m \cdot \pi \cdot n_{III} \,. \tag{14}$$

Mit

$$n_{III} = \frac{n_I}{i_1 \cdot i_2} = \frac{n_I}{i} \tag{15}$$

wird der Vorschub s aus Gl. (14) (Angabe in mm/U):

$$s = \frac{z \cdot m \cdot \pi}{i} \,. \tag{16}$$

18. Das Wechselräderproblem. Wechselrädergetriebe haben neben anderen Getriebeformen ihren festen Anwendungsbereich im Werkzeugmaschinenbau. Deshalb wird die Berechnung von Wechselrädern, vor allem für Arbeiten mit hohem Genauigkeitsgrad, immer wieder vorkommen. Die Kenntnis der Verfahren und Hilfsmittel hierfür ist aus diesem Grunde sehr wichtig. Um das Problem, das der Wechselräderberechnung zugrunde liegt, näher kennenzulernen, wird das folgende Beispiel betrachtet: Auf einer Drehmaschine, deren Leitspindel die Steigung P_L hat, soll ein Werkstück mit der Gewindesteigung P_W hergestellt werden (Bild 32). Die Arbeitsspindel I und die Leitspindel II der Maschine sind durch ein austauschbares Zahnradpaar formschlüssig miteinander verbunden. Wie groß ist die Übersetzung i zu wählen, damit die vorgeschriebene Werkstücksteigung P_W geschnitten wird? Zur Lösung dieser Frage werden die folgenden Überlegungen angestellt: Läuft die Arbeitsspindel I mit der Drehzahl n_I um, so muß die Meißelspitze zur Erzeugung der Werkstücksteigung P_W auf dem Bettschlitten gemäß Gl. (11) mit der Geschwindigkeit

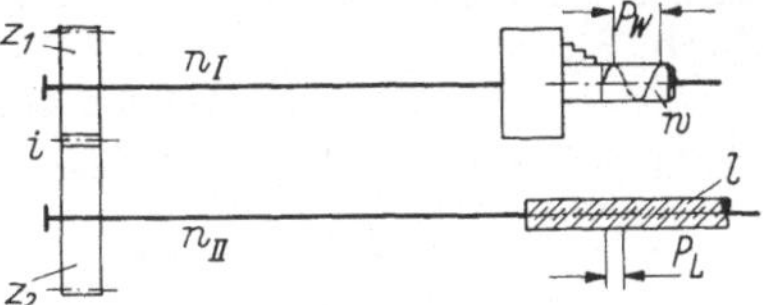

Bild 32. Schema eines Schlittenantriebes einer Drehmaschine mit Wechselrädern (Wechselradschere und Zwischenrad sind nicht dargestellt).

$$u_W = P_W \cdot n_I \tag{17}$$

bewegt werden. Von der Leitspindel erhält der Bettschlitten mittels der Schloßmutter die Geschwindigkeit:

$$u = P_L\, n_{II} \,. \tag{18}$$

Die Gewindesteigung P_W kann nur dann geschnitten werden, wenn die durch die Gln. (17) und (18) gegebenen Geschwindigkeiten gleich groß sind. Diese Forderung wird mathematisch durch Gleichsetzen der Gln. (17) und (18) erfüllt:

$$P_W \cdot n_I = P_L \cdot n_{II} \tag{19}$$

oder mit Gl. (1):

$$\frac{P_W}{P_L} = \frac{n_{II}}{n_I} = \frac{z_1}{z_2} = \frac{1}{i} = V \,. \tag{20}$$

Gl. (20) sagt aus, daß die Zähnezahlen der Wechselräder so zu bestimmen sind, daß das vorgegebene Steigungsverhältnis aus Werkstück- und Leitspindelsteigung exakt eingehalten wird. Sind Steigungsfehler zulässig, dann darf man mit

Näherungslösungen zufrieden sein. Die Größe $z_1/z_2 = V$ wird im übrigen *Räder*- oder *Zähnezahlverhältnis* genannt.

Die Gl. (20), die dem Kehrwert der Gl. (1) entspricht, zeigt die nahe Verwandtschaft der Probleme, die bei der Berechnung eines Stufenrädergetriebes und bei der Bestimmung der Zähnezahlen einer Wechselräderübersetzung bestehen. Der Betriebsmann könnte die Zähnezahlen seiner Wechselräder theoretisch aus den gleichen Tabellen zur Zähnezahlberechnung [1, 7] entnehmen, die auch der Konstrukteur benutzt. Praktisch scheitert ein solches Vorgehen u. a. allerdings daran, daß das benötigte Übersetzungsverhältnis i (in den erwähnten Tabellen durch Potenzen des Stufensprunges φ ausgedrückt) in den meisten Fällen nicht in den Tabellen enthalten sein wird. Die etwa in den Tabellen abgelesenen Zähnezahlen müßten ferner im Wechselrädersatz vorhanden sein. Bei der Berechnung von Wechselrädern beschreitet man daher andere Wege, die im anschließenden Kapitel näher untersucht werden sollen.

IV. Die Methoden der Wechselräderberechnung
mit Berechnungsbeispielen an Leitspindeldrehmaschinen

A. Mathematisches Problem zur Berechnung beliebiger Übersetzungen

19. Aufgabe bei der Berechnung von Wechselrädern. Einige Grundkenntnisse in der Mathematik müssen hier vorausgesetzt werden. Der weniger kenntnisreiche Leser möge sein Wissen durch geeignete Lehrbücher [4] erweitern.

Die Aufgabe der Berechnung besteht darin, ein vorgegebenes, beliebiges Übersetzungsverhältnis (oder dessen Kehrwert), das in der Form eines Bruches oder Dezimalbruches vorliegen kann, exakt oder näherungsweise durch einen Bruch (oder das Produkt aus mehreren Brüchen) auszudrücken. Zähler und Nenner dieses Bruches müssen als Zähnezahlen in einem Rädersatz vorhanden sein[1] (Tab. 3).

Tabelle 3. *Zähnezahlen für Wechselräder*

a) Zähnezahlen der Wechselräder für Leitspindeldrehbänke nach DIN 781 (Leitspindelsteigungen 1/4″ und 1/2″ sowie 3, 6, 12 und 24 mm)

20	22	24	25	26	30	32	34	35	36	40	42	44	45	48
50	51	54	55	57	60	65	68	70	72	75	76	80	84	85
89	90	95	96	97	100	105	110	112	114	115	120	125	127	140

b) Auswahlreihen der Zähnezahlen für Wechselräder

25	30	35	40	45	50	55	60	65	70	80	90	95	100	110	(97) (127)

oder

25	30	35	40	45	50	55	60	65	70	75	80	85	90	95
100	105	110	115	120	125	130								

c) Zähnezahlen der Wechselräder für Universalfräsmaschinen mit einer Tischspindelsteigung von 10 mm

24	28	32	36	40	48	56	64	72	80	90	96

---

[1] Notfalls können aber Räder mit anderen Zähnezahlen angefertigt werden.

Zur Lösung dieser Aufgabe gibt es verschiedene Rechenverfahren und Hilfsmittel (Rechenschieber, Rechenmaschine, Wechselrädertabellen usw.). Durch die Berechnung bzw. vor ihrem Beginn sind folgende Fragen zu klären:

Welches Rechenverfahren soll benutzt werden? (Art der Aufgabe, zeitlicher Aufwand).

Ist das Ergebnis der Rechnung ein Genauwert oder ein Näherungswert?

Wie groß ist der Fehler, falls ein Näherungswert vorliegt? Ist dieser Fehler zulässig?

Sind die ermittelten Zähnezahlen vorhanden oder müssen Räder angefertigt werden?

Sind die Räder im Hinblick auf die vorhandenen Achsabstände aufsteckbar?

Die Betrachtung der Rechenverfahren für Wechselräder wird zunächst unabhängig vom praktischen Anwendungsfall durchgeführt. Sie können allgemein benutzt werden.

20. Erweitern und Kürzen von Brüchen. In der Praxis der Wechselräderberechnungen tritt häufig die Aufgabe auf, einen gegebenen Bruch durch *Erweitern* [4, S. 5], d. h. durch Multiplizieren von Zähler und Nenner mit derselben Zahl, so zu verändern, daß Zähler und Nenner des Bruches als Zähnezahlen von Wechselrädern brauchbar werden. Das nach Gl. (20) bekannte Steigungsverhältnis betrage z. B. 1/2. Durch Erweitern dieses Bruches mit der Zahl 30 ergibt sich der für die Zähnezahlen brauchbare Wert:

$$\frac{z_1}{z_2} = \frac{1}{2} \cdot \frac{30}{30} = \frac{30}{60}.$$

Wenn in einem gegebenen Verhältnis große Zahlen auftreten, gelangt man oft durch *Kürzen* [4, S. 5], d. h. durch Dividieren von Zähler und Nenner durch dieselbe Zahl, zu Zähnezahlen, die im Rädersatz enthalten sind:

$$\frac{z_1}{z_2} = \frac{156}{534} = \frac{\dfrac{156}{6}}{\dfrac{534}{6}} = \frac{26}{89}.$$

Da 89 eine Primzahl ist, die nur durch 1 bzw. durch sich selbst teilbar ist, läßt sich eine weitere Vereinfachung nicht mehr erreichen. Von großem Vorteil ist beim Kürzen die Kenntnis von der Teilbarkeit der Zahlen [4, 17].

Schwierigkeiten treten auf, wenn im Zähler oder Nenner große Zahlen ohne oder ohne leicht erkennbaren gemeinsamen Teiler vorkommen, so daß das Kürzen unmöglich ist. Hindernisse entstehen auch bei Brüchen, die hohe Primzahlen enthalten. In solchen und ähnlichen Fällen ist eines der weiter unten beschriebenen Verfahren zu benutzen. Auch ein sehr kleines Verhältnis erweist sich bei der Berechnung praxisnaher Zähnezahlen als unangenehm, denn durch Erweitern folgt z. B.:

$$\frac{z_1}{z_2} = \frac{1}{16} = \frac{1}{16} \cdot \frac{20}{20} = \frac{20}{320}.$$

Ein Rad mit 320 Zähnen ist aber im Rädersatz nicht vorhanden. Man ist daher gezwungen, von der einfachen Übersetzung $\frac{20}{320}$ zu einer mehrfachen Übersetzung $\left(\text{etwa } \frac{20}{320} = \frac{20}{80} \cdot \frac{30}{120}\right)$ zu gehen. Solche Mehrfachübersetzungen mit kleinen Rädern ersetzen einfache Übersetzungen mit großen Rädern.

21. Verwandlung eines Dezimalbruches in einen gemeinen Bruch. Zur Verwandlung eines Dezimalbruches in einen gemeinen Bruch setzt man die nach dem Komma stehenden Zahlen in den Zähler des Bruches und dividiert durch die Potenz von 10, die der Stellenzahl des Dezimalbruches entspricht. Wenn möglich, ist anschließend zu kürzen. Die Beispiele erläutern das Vorgehen:

$$0{,}75 = \frac{75}{100} = \frac{3}{4} \; ; \quad 0{,}425 = \frac{425}{1000} = \frac{17}{40} \; ; \quad 0{,}3375 = \frac{3375}{10000} = \frac{27}{80} \, .$$

Bei der Verwandlung reinperiodischer Dezimalbrüche in gemeine Brüche geht man einfacher von den Beziehungen

$$0{,}11\bar{1}\ldots = \frac{1}{9} \; ; \quad 0{,}0\overline{10}1\ldots = \frac{1}{99} \; ; \quad 0{,}00\overline{100}\bar{1}\ldots = \frac{1}{999}$$

usw. aus[1]. Dann folgt z. B. für:

$$0{,}33\bar{3}\ldots = \frac{1}{9}\cdot 3 = \frac{1}{3} \; ; \quad 0{,}72\overline{72}\ldots = \frac{1}{99}\cdot 72 = \frac{8}{11} \, .$$

Ein reinperiodischer Dezimalbruch läßt sich also dadurch in einen gemeinen Bruch verwandeln, daß die Periode in den Zähler gesetzt und der Nenner aus soviel Neunen gebildet wird, wie es der Stellenzahl der Periode entspricht. Gemischtperiodische Dezimalbrüche werden zunächst durch Erweitern in reinperiodische umgewandelt, dann läßt sich das geschilderte Verfahren wiederum anwenden.

Die Verwandlung eines Dezimalbruches in einen gemeinen Bruch kann auch mit Hilfe der Tabelle der Dezimaläquivalente gemeiner Brüche (Tab. 4)[2] durchgeführt werden.

Tabelle 4. *Dezimaläquivalente gemeiner Brüche*

3 : 76	0,0394737	2 : 21	0,0952381
1 : 25	0,0400000	7 : 72	0,0972222
1 : 24	0,0416667	1 : 10	0,1000000
3 : 70	0,0428571	4 : 39	0,1025641
2 : 45	0,0444444	5 : 48	0,1041667
1 : 22	0,0454545	8 : 75	0,1066667
1 : 21	0,0476190	6 : 55	0,1090909
1 : 20	0,0500000	1 : 9	0,1111111
2 : 39	0,0512821	4 : 35	0,1142857
5 : 96	0,0520833	3 : 26	0,1153846
3 : 56	0,0535714	7 : 60	0,1166667
1 : 18	0,0555556	5 : 42	0,1190476
2 : 35	0,0571429	3 : 25	0,1200000
3 : 50	0,0600000	4 : 33	0,1212121
1 : 16	0,0625000	11 : 90	0,1222222
1 : 15	0,0666667	1 : 8	0,1250000
7 : 100	0,0700000	7 : 55	0,1272727
1 : 14	0,0714286	9 : 70	0,1285714
4 : 55	0,0727273	13 : 100	0,1300000
2 : 27	0,0740741	2 : 15	0,1333333
3 : 40	0,0750000	3 : 22	0,1363636
1 : 13	0,0769231	11 : 80	0,1375000
7 : 90	0,0777778	7 : 50	0,1400000
2 : 25	0,0800000	1 : 7	0,1428571
1 : 12	0,0833333	8 : 55	0,1454545
3 : 35	0,0857143	4 : 27	0,1481481
7 : 80	0,0875000	3 : 20	0,1500000
4 : 45	0,0888889	5 : 33	0,1515152
9 : 100	0,0900000	2 : 13	0,1538462
1 : 11	0,0909091	5 : 32	0,1562500
6 : 65	0,0923077	3 : 19	0,1578947
3 : 32	0,0937500	4 : 25	0,1600000

[1] Die sich periodisch wiederholende Ziffernfolge ist überstrichen.
[2] Eine Tabelle mit umfangreicherem Inhalt ist in [17] zu finden.

Tabelle 4 (*Fortsetzung*)

13: 80	0,1625000	13: 35	0,3714286
9: 55	0,1636364	3: 8	0,3750000
1: 6	0,1666667	25: 66	0,3787879
11: 65	0,1692308	8: 21	0,3809524
6: 35	0,1714286	23: 60	0,3833333
14: 81	0,1728395	5: 13	0,3846154
7: 40	0,1750000	7: 18	0,3888889
8: 45	0,1777778	11: 28	0,3928571
9: 50	0,1800000	25: 63	0,3968254
2: 11	0,1818182	2: 5	0,4000000
12: 65	0,1846154	40: 99	0,4040404
3: 16	0,1875000	11: 27	0,4074074
4: 21	0,1904762	9: 22	0,4090909
5: 26	0,1923077	33: 80	0,4125000
7: 36	0,1944444	5: 12	0,4166667
10: 51	0,1960784	21: 50	0,4200000
16: 81	0,1975309	17: 40	0,4250000
1: 5	0,2000000	3: 7	0,4285714
9: 44	0,2045455	13: 30	0,4333333
5: 24	0,2083333	10: 23	0,4347826
21:100	0,2100000	7: 16	0,4375000
7: 33	0,2121212	11: 25	0,4400000
3: 14	0,2142857	4: 9	0,4444444
5: 23	0,2173913	25: 56	0,4464286
12: 55	0,2181818	9: 20	0,4500000
11: 50	0,2200000	5: 11	0,4545455
2: 9	0,2222222	11: 24	0,4583333
9: 40	0,2250000	6: 13	0,4615385
5: 22	0,2272727	13: 28	0,4642857
8: 35	0,2285714	7: 15	0,4666667
3: 13	0,2307692	8: 17	0,4705882
7: 30	0,2333333	10: 21	0,4761905
4: 17	0,2352941	12: 25	0,4800000
5: 21	0,2380952	35: 72	0,4861111
6: 25	0,2400000	27: 55	0,4909091
11: 45	0,2444444	40: 81	0,4938272
20: 81	0,2469136	1: 2	0,5000000
1: 4	0,2500000	50: 99	0,5050505
25: 99	0,2525253	23: 45	0,5111111
14: 55	0,2545455	33: 64	0,5156250
9: 35	0,2571429	13: 25	0,5200000
13: 50	0,2600000	21: 40	0,5250000
5: 19	0,2631579	9: 17	0,5294118
4: 15	0,2666667	8: 15	0,5333333
27:100	0,2700000	15: 28	0,5357143
3: 11	0,2727273	27: 50	0,5400000
11: 40	0,2750000	6: 11	0,5454545
5: 18	0,2777778	11: 20	0,5500000
7: 25	0,2800000	5: 9	0,5555556
17: 60	0,2833333	14: 25	0,5600000
2: 7	0,2857143	9: 16	0,5625000
13: 45	0,2888889	25: 44	0,5681818
7: 24	0,2916667	4: 7	0,5714286
5: 17	0,2941176	15: 26	0,5769231
8: 27	0,2962963	7: 12	0,5833333
3: 10	0,3000000	33: 56	0,5892857
10: 33	0,3030303	25: 42	0,5952381
11: 36	0,3055556	3: 5	0,6000000
4: 13	0,3076923	20: 33	0,6060606
14: 45	0,3111111	11: 18	0,6111111
5: 16	0,3125000	8: 13	0,6153846
11: 35	0,3142857	13: 21	0,6190476
6: 19	0,3157895	5: 8	0,6250000
7: 22	0,3181818	22: 35	0,6285714
8: 25	0,3200000	7: 11	0,6363636
21: 65	0,3230769	16: 25	0,6400000
13: 40	0,3250000	9: 14	0,6428571
18: 55	0,3272727	13: 20	0,6500000
33:100	0,3300000	21: 32	0,6562500
1: 3	0,3333333	33: 50	0,6600000
27: 80	0,3375000	2: 3	0,6666667
15: 44	0,3409091	35: 52	0,6730769
12: 35	0,3428571	27: 40	0,6750000
9: 26	0,3461538	15: 22	0,6818182
8: 23	0,3478261	11: 16	0,6875000
7: 20	0,3500000	9: 13	0,6923077
6: 17	0,3529412	16: 23	0,6956522
5: 14	0,3571429	7: 10	0,7000000
9: 25	0,3600000	17: 24	0,7083333
4: 11	0,3636364	5: 7	0,7142857
7: 19	0,3684211	13: 18	0,7222222

Tabelle 4 (Fortsetzung)

8 : 11	0,7272727		17 : 20	0,8500000
11 : 15	0,7333333		6 : 7	0,8571429
48 : 65	0,7384615		25 : 29	0,8620690
26 : 35	0,7428571		13 : 15	0,8666667
3 : 4	0,7500000		7 : 8	0,8750000
34 : 45	0,7555556		15 : 17	0,8823529
19 : 25	0,7600000		8 : 9	0,8888889
16 : 21	0,7619048		9 : 10	0,9000000
10 : 13	0,7692308		10 : 11	0,9090909
17 : 22	0,7727273		11 : 12	0,9166667
7 : 9	0,7777778		12 : 13	0,9230769
11 : 14	0,7857143		13 : 14	0,9285714
15 : 19	0,7894734		14 : 15	0,9333333
35 : 44	0,7954545		15 : 16	0,9375000
4 : 5	0,8000000		17 : 18	0,9444444
29 : 36	0,8055556		20 : 21	0,9523810
13 : 16	0,8125000		24 : 25	0,9600000
9 : 11	0,8181818		27 : 28	0,9642857
14 : 17	0,8235294		35 : 36	0,9722222
5 : 6	0,8333333		44 : 45	0,9777778
21 : 25	0,8400000		54 : 55	0,9818182
11 : 13	0,8461538		80 : 81	0,9876543

22. Wechselrädertabellen sind ein sehr brauchbares Hilfsmittel zur Bestimmung von Wechselrädern [2, 9]. Einen Ausschnitt aus einer solchen Tafel gibt Tab. 5.

Liegt beispielsweise das Steigungsverhältnis $P_W/P_L = 1/i = V$ als Dezimalbruch vor, so können die Räder ohne Rechnung aus dieser Tabelle entnommen werden. Falls die gefundenen Räder dem vorgegebenen Verhältnis nur näherungsweise gleich sind, muß die Zulässigkeit des Fehlers geprüft werden. Hierzu vgl. Gl. (21). Diese Untersuchung wird im allgemeinen positiv ausfallen, da die Stufung der Tabellenwerte sehr fein gewählt ist.

Tabelle 5. *Ausschnitt aus einer Wechselrädertabelle* [2]

V	z_1	z_2	z_3	z_4
0,289 352	25	54	45	72
366	33	67	47	80
412	24	50	41	68
439	30	59	37	65
474	22	—	—	76
510	21	65	69	77
560	31	56	34	65
617	20	60	53	61
655	24	58	42	60
667	27	46	38	77
710	29	52	40	77
750	19	50	61	80
773	20	44	51	80
807	29	38	30	79
855	20	—	—	69
896	32	70	52	82
941	30	65	49	78
983	26	66	53	72
0,290 000	29	50	30	60
039	33	64	36	64
⋮	⋮	⋮	⋮	⋮

23. Rechenschieber. Ein wichtiges Hilfsmittel bei der Berechnung von Wechselrädern kann der Rechenschieber sein. Er dient:

a) zur genauen oder näherungsweisen Verwandlung von Dezimalbrüchen in gemeine Brüche. Gegeben sei z. B. der Dezimalbruch 0,4. Durch Einstellen des rechten Endstriches der Zunge auf den Wert des Dezimalbruches auf der festen Skala kommen alle diejenigen Zahlenpaare übereinander zu stehen, deren Division 0,4 ergibt, und es ist leicht abzulesen, daß der Dezimalbruch 0,4 etwa durch den Bruch 2/5 exakt ersetzt werden kann. Ist dagegen der Dezimalbruch 0,559 durch einen gemeinen Bruch zu ersetzen, so liest man nach der Durchführung des beschriebenen Verfahrens den Näherungswert $g' = 52/93$ auf dem Rechenschieber ab. Dieser Näherungswert hat gegenüber dem Genauwert $g = 0,559$ einen Fehler, der durch die Gleichung

$$F = \frac{g' - g}{g} \cdot 1000^0/_{00}$$

(21)

bestimmt ist. Im vorliegenden Fall wird:

$$F = \frac{0{,}0001398}{0{,}559} \cdot 1000 = +\ 0{,}25^0/_{00}.$$

Das positive Vorzeichen des Fehlers sagt aus, daß der Näherungswert gegenüber dem Genauwert zu groß ist. Ein negatives Vorzeichen hätte bedeutet, daß der Näherungswert zu klein ist. Um ein Bild über die praktische Bedeutung des errechneten Fehlers zu bekommen, soll er auf eine Gewindespindel mit 1000 mm Gewindelänge bezogen werden. Der Fehler $F = 0{,}25^0/_{00}$ gibt dann an, daß die geschnittene Gewindesteigung auf 1000 mm um 0,25 mm vom Genauwert abweicht.

b) zur Untersuchung, durch welchen Bruch ein gegebener Bruch ersetzt werden kann, was also dem Erweitern gleichzusetzen ist. Gegeben sei der Bruch 2/5. Um den gesuchten, erweiterten Bruch aufzufinden, wird auf dem Rechenschieber die 5 der Zunge auf die 2 der festen Skala eingestellt. Man liest ab:

$$\frac{2}{5} = \frac{24}{60} = \frac{26}{65} = \frac{30}{75} = \frac{32}{80}$$

usw. Es ist offensichtlich, daß auf diese Weise auch Näherungswerte angegeben werden können.

24. Faktorentafel. Um schnell und zuverlässig feststellen zu können, ob eine gegebene Zahl in Faktoren zerlegbar ist, bedient man sich der Faktorentafel (Tab. 6, S. 54). Mit diesem Hilfsmittel können Genauwerte und auch Näherungen bestimmt werden.

a) Genauwerte. Gegeben sei der Bruch 550/594. Nach der Tafel läßt sich zerlegen:

$$550 = 2 \cdot 5^2 \cdot 11 \qquad\qquad 594 = 2 \cdot 3^3 \cdot 11$$
$$ = 2 \cdot 5 \cdot 5 \cdot 11 \qquad\qquad = 2 \cdot 3 \cdot 3 \cdot 3 \cdot 11.$$

Dann ist:

$$\frac{550}{594} = \frac{2 \cdot 25 \cdot 11}{2 \cdot 27 \cdot 11} = \frac{25}{27}.$$

b) Näherungswerte. Ist z. B. der Bruch $\dfrac{53}{97} = 0{,}54639175$ gegeben, so findet man weder Zähler noch Nenner in der Tafel. Da Primzahlen vorliegen, ist die Zerlegung in Faktoren unmöglich. Einen Näherungswert für den Bruch erhält man jedoch dadurch, daß Zähler und Nenner des Bruches durch Addition oder Subtraktion derselben Zahl solange vergrößert oder verkleinert werden, bis sie sich unter Hinzuziehung der Tafel in Faktoren zerlegen lassen. Im Beispiel sollen Zähler und Nenner um den Wert 1 vergrößert werden. Dann ergibt sich aus der Tafel:

$$\frac{53 + 1}{97 + 1} = \frac{2 \cdot 3^3}{2 \cdot 7^2} = 0{,}55102040.$$

Ob der Fehler zwischen dem Wert des gegebenen Bruches und dem Näherungswert zulässig ist, muß bei einer praktischen Anwendung von Fall zu Fall geprüft werden. Grundsätzlich ist es im Hinblick auf den Fehler günstiger, den gegebenen Bruch zunächst zu erweitern und erst dann die Addition oder Subtraktion möglichst gleicher, kleiner Zahlen im Zähler und im Nenner durchzuführen. Im Beispiel ergibt sich folgende Verringerung des Fehlers:

$$\frac{(53 \cdot 10) + 1}{(97 \cdot 10) + 1} = \frac{531}{971} = 0{,}54685890;$$

$$\frac{(53 \cdot 100) + 1}{(97 \cdot 100) + 1} = \frac{5301}{9701} = 0{,}54643851;$$

$$\frac{(53 \cdot 1000) + 1}{(97 \cdot 1000) + 1} = \frac{53001}{97001} = 0{,}54639642 .$$

25. Näherungswerte durch Wahl eines Näherungsbruches und Wiedergutmachung der Veränderung. Bei diesem Verfahren wird außer der Faktorentafel auch die Tafel der Dezimaläquivalente benutzt. Man geht folgendermaßen vor:

Das als Dezimalbruch vorliegende Verhältnis $1/i = V$ wird als Produkt zweier Brüche dargestellt, von denen der eine dieses Verhältnis näherungsweise wiedergibt — dieser Näherungsbruch wird aus der Tafel der Dezimaläquivalente ermittelt — während der zweite, der sogenannte Ergänzungsbruch, den Fehler des ersten Bruches wieder rückgängig macht. Multipliziert man also den Näherungsbruch mit dem Ergänzungsbruch, so entsteht das Verhältnis V ohne Fehler. Je genauer der Näherungsbruch das gegebene Verhältnis wiedergibt, desto näher liegen Zähler und Nenner des Ergänzungsbruches beieinander.

Ist beispielsweise $V = 1/i = 0{,}685$ gegeben, so läßt sich als Näherungsbruch aus Tab. 4 (S. 20) entnehmen: 15/22. Dann errechnet sich für den Ergänzungsbruch k:

$$0{,}685 = \frac{6{,}85}{10} = \frac{15}{22} \cdot k; \tag{22}$$

$$k = \frac{6{,}85}{10} \cdot \frac{22}{15}. \tag{23}$$

Gl. (23) in Gl. (22) eingesetzt:

$$0{,}685 = \frac{15}{22} \cdot \frac{6{,}85}{10} \cdot \frac{22}{15} = \frac{15 \cdot 150{,}7}{22 \cdot 150}. \tag{24}$$

Zur Anwendung der Faktorentafel wird als nächster Schritt eine Umwandlung des Ergänzungsbruches k durchgeführt und zwar derart, daß sein Zähler Z und sein Nenner N durch die Differenz $Z - N$ geteilt werden:

$$k' = \frac{\dfrac{Z}{Z-N}}{\dfrac{N}{Z-N}} = \frac{Z'}{N'} = \frac{N'+1}{N'}. \tag{25}$$

Bei dieser Umwandlung etwa entstehende Dezimalstellen können weitgehend vernachlässigt werden.

Zähler und Nenner des umgewandelten Ergänzungsbruches k' widersetzen sich häufig einer Zerlegung durch die Faktorentafel, so daß man mit einem Näherungswert zufrieden sein muß. Hierzu werden Zähler und Nenner so lange um eine gleich große Zahl vergrößert oder verkleinert, bis sie sich in Faktoren zerlegen lassen. Der dabei entstehende Fehler ist um so kleiner, je weniger von den Ausgangszahlen abgewichen wird. Bei dem geschilderten Vorgehen bleibt der bestehende Unterschied von 1 zwischen Zähler und Nenner erhalten. Da diese Differenz im Verhältnis zu Zähler und Nenner meist sehr klein ist, wird auch der Fehler sehr klein sein.

Um den Fehler noch weiter herabzudrücken, können Zähler und Nenner durch Erweitern mit solchen Zahlen vergrößert werden, die ein leichtes Aufsuchen des Ergebnisses in der

Faktorentafel gestatten. Die Differenz zwischen Zähler und Nenner wächst entsprechend dem für das Erweitern gewählten Faktor an. Es ist darauf zu achten, daß beim Aufsuchen der Faktoren in der Tafel diese durch das Erweitern vergrößerte Differenz beibehalten werden muß.

Durch Anwendung dieser Erkenntnisse auf das oben begonnene Beispiel wird mit Gl. (25):

$$Z - N = 150{,}7 - 150 = 0{,}7;$$

$$\frac{Z}{Z - N} = \frac{150{,}7}{0{,}7} = 215{,}2857143 \approx 215{,}3;$$

$$\frac{N}{Z - N} = \frac{150}{0{,}7} = 214{,}2857143 \approx 214{,}3\;.$$

Also ist:

$$k' = \frac{Z'}{N'} = \frac{215{,}3}{214{,}3}\;.$$

Damit ergibt sich:

$$0{,}685 = \frac{15 \cdot 150{,}7}{22 \cdot 150} = \frac{15 \cdot 215{,}3}{22 \cdot 214{,}3}\;. \tag{26}$$

Durch Erweitern mit der Zahl 10 entsteht aus Gl. (26):

$$0{,}685 = \frac{15 \cdot 215{,}3 \cdot 10}{22 \cdot 214{,}3 \cdot 10} = \frac{15 \cdot 2153}{22 \cdot 2143}\;. \tag{27}$$

Da die Zahlen 2153 und 2143 nicht in der Faktorentafel enthalten sind, ist zu beiden eine möglichst kleine Zahl zu addieren, so daß sich in der Tafel vorhandene Zahlen ergeben:

$$0{,}685 = \frac{15 \cdot 2153}{22 \cdot 2143} \approx \frac{15 \cdot (2153 + 3)}{22 \cdot (2143 + 3)} = \frac{15 \cdot 2156}{22 \cdot 2146} = \frac{15 \cdot 2^2 \cdot 7^2 \cdot 11}{22 \cdot 2 \cdot 29 \cdot 37} = 0{,}6849953\;. \tag{28}$$

Im praktischen Fall ist nun zu prüfen, ob der entstandene Fehler zulässig ist.

26. Kettenbruchmethode. Näherungswerte für in Form von Brüchen vorliegende Verhältnisse $V = 1/i$ lassen sich mit Hilfe von Kettenbrüchen bestimmen. Dieses Verfahren eignet sich für Brüche, die unzerlegbare, große Zahlen enthalten. Ein Kettenbruch hat die Form:

$$p_0 + \cfrac{p_1}{q_1 + \cfrac{p_2}{q_2 + \cfrac{p_3}{q_3 + \quad + \cfrac{p_n}{q_n}}}}, \tag{29}$$

worin p_0 als das nullte Glied, p_n/q_n als das n-te Glied des Kettenbruches bezeichnet wird. Bei der Umwandlung eines aus ganzen Zahlen gebildeten, echten Bruches in einen einfachen Kettenbruch ist $p_0 = 0$, während die übrigen p_n den Wert 1 annehmen. Aus rationalen Zahlen bestehende Brüche ergeben bei der Umrechnung endliche Kettenbrüche. Näherungswerte entstehen durch Fortlassen von Kettenbruchgliedern.

a) Umwandlung eines Bruches in einen Kettenbruch. Beim Vorliegen eines unechten Bruches sind vor der Umwandlung zuerst die Ganzen abzuspalten. Nur der übrigbleibende echte Bruch wird dem Verfahren unterworfen.

Als Beispiel für den Berechnungsgang soll der echte Bruch 283/509 in einen Kettenbruch verwandelt werden. Dazu wird als erster Schritt stets der Nenner des Bruches durch seinen Zähler geteilt. In den anschließenden Schritten muß der Teiler des vorangegangenen Schrittes durch den Rest dieses Schrittes geteilt werden. Das Verfahren ist so lange fortzusetzen, bis sich der Rest Null ergibt:

$$
\begin{aligned}
509 : 283 &= 1 \\
283 \\
283 : 226 &= 1 \\
226 \\
226 : 57 &= 3 \\
171 \\
57 : 55 &= 1 \\
54 \\
55 : 2 &= 27 \\
54 \\
2 : 1 &= 2 \\
2 \\
\hline
0
\end{aligned}
\tag{30}
$$

Der zugehörige Kettenbruch nimmt damit die Form an:

$$
\frac{283}{509} = \cfrac{1}{1 + \cfrac{1}{1 + \cfrac{1}{3 + \cfrac{1}{1 + \cfrac{1}{27 + \cfrac{1}{2}}}}}} = 0{,}55599214 \ .
\tag{31}
$$

Man erkennt leicht, daß mit dem Verfahren Gl. (30) jeweils die q_n bestimmt werden. Unter Zuhilfenahme der Regeln für die Bruchrechnung läßt sich nachprüfen, ob die durchgeführte Rechnung fehlerfrei ist:

$$
\cfrac{1}{1 + \cfrac{1}{1 + \cfrac{1}{3 + \cfrac{1}{1 + \cfrac{1}{27 + \cfrac{1}{2}}}}}}
= \cfrac{1}{1 + \cfrac{1}{1 + \cfrac{1}{3 + \cfrac{1}{1 + \cfrac{2}{55}}}}}
= \cfrac{1}{1 + \cfrac{1}{1 + \cfrac{1}{3 + \cfrac{55}{57}}}} =
$$

$$
= \cfrac{1}{1 + \cfrac{1}{1 + \cfrac{57}{226}}}
= \cfrac{1}{1 + \cfrac{226}{283}}
= \frac{283}{509} \ .
\tag{32}
$$

b) Die Bestimmung von Näherungswerten. Bei Vernachlässigung des letzten Gliedes im Kettenbruch Gl. (31) ergibt sich der

1. *Näherungswert*:

$$
\frac{283}{509} \approx \cfrac{1}{1 + \cfrac{1}{1 + \cfrac{1}{3 + \cfrac{1}{1 + \cfrac{1}{27}}}}}
= \frac{139}{250} = 0{,}55600000 \ .
$$

Der Fehler, also nach Gl. (21) die auf den Genauwert bezogene Differenz aus Näherungswert und Genauwert, beträgt:

$$
F_1 = \frac{0{,}556 - 0{,}55599214}{0{,}55599214} \cdot 1000 = +\,0{,}014^0/_{00} \ .
$$

Der zweite Näherungswert und die folgenden Näherungswerte entstehen durch Vernachlässigung des zweiten bzw. der nächsten Glieder:

2. Näherungswert:

$$\frac{283}{509} \approx \cfrac{1}{1 + \cfrac{1}{1 + \cfrac{1}{3 + \cfrac{1}{1}}}} = \frac{5}{9} = 0{,}55555555 \ .$$

Fehler des zweiten Näherungswertes:

$$F_2 = \frac{-\ 0{,}00043659 \cdot 1000}{0{,}55599214} = -\ 0{,}79^0/_{00} \ .$$

3. Näherungswert:

$$\frac{283}{509} \approx \cfrac{1}{1 + \cfrac{1}{1 + \cfrac{1}{3}}} = \frac{4}{7} = 0{,}57142857 \ .$$

Fehler des dritten Näherungswertes:

$$F_3 = \frac{+\ 0{,}01543643 \cdot 1000}{0{,}55599214} = +\ 27{,}76^0/_{00} \ .$$

4. Näherungswert:

$$\frac{283}{509} \approx \cfrac{1}{1 + \cfrac{1}{1}} = \frac{1}{2} = 0{,}5 \ .$$

Fehler des vierten Näherungswertes:

$$F_4 = \frac{-\ 0{,}05599214 \cdot 1000}{0{,}55599214} = -\ 100{,}71^0/_{00} \ .$$

5. Näherungswert:

$$\frac{283}{509} \approx \frac{1}{1} = 1 \ .$$

Fehler des fünften Näherungswertes:

$$F_5 = \frac{+\ 0{,}44400786 \cdot 1000}{0{,}55599214} = +\ 798{,}59^0/_{00} \ .$$

Wie sich an den Vorzeichen der Fehler erkennen läßt, sind die Näherungswerte entweder größer (bei positivem Vorzeichen) oder kleiner (bei negativem Vorzeichen) als der Genauwert. Das Vorzeichen hängt davon ab, ob die Anzahl der berücksichtigten Kettenbruchglieder ungerade oder gerade war. Je mehr Glieder vernachlässigt werden, d. h. also je mehr der Näherungswert der Größe 1 zustrebt, desto größer wird der Fehler.

Ein Kettenbruch läßt sich im übrigen auch nach dem unten angegebenen Schema in seinen Ausgangsbruch zurückverwandeln [17]. Die nach Gl. (30) bestimmten Quotienten werden hierzu waagerecht nebeneinander geschrieben (a). In zwei weiteren Zeilen werden links davor die Zahlen 1 und 0 bzw. 0 und 1 angeordnet. Danach sieht das Ganze aus wie (b). Nun wird die in der ersten Zeile bei (b) links außen stehende Zahl 1 mit der links unter ihr befindlichen Zahl, in diesem Fall Null, der zweiten Zeile multipliziert und die links davorstehende Zahl, hier 1, addiert: $(1 \times 0) + 1 = 1$. Dieses Ergebnis ist rechts neben die Null der zweiten Zeile zu schreiben und ergibt die Anordnung (c). Die Rechnung wird anschließend mit der zweiten Zahl von links in der ersten Zeile, wiederum eine 1, fortgesetzt: $(1 \times 1) + 0 = 1$ und weiter bis zur letzten Zahl der ersten Zeile ausgedehnt: $(3 \times 1) + 1 = 4$; $(1 \times 4) + 1 = 5$ usw. Damit ergibt sich die Anordnung (d). Durch nochmalige Anwendung des beschriebenen Rechenganges auf die Zahlen der ersten und der dritten Zeile ergeben sich die fehlenden Zahlen der dritten Zeile (e). Wie leicht zu erkennen ist, sind auf diese Weise in der zweiten und dritten Zeile (eingerahmter Teil) Zähler und Nenner des Genauwertes und der Näherungswerte gebildet worden.

$$
\begin{array}{cc|cccccc}
 & & 1 & 1 & 3 & 1 & 27 & 2 \\
\end{array} \qquad \text{(a)}
$$

$$
\begin{array}{cc|cccccc}
 & & 1 & 1 & 3 & 1 & 27 & 2 \\
1 & 0 & & & & & & \\
0 & 1 & & & & & & \\
\end{array} \qquad \text{(b)}
$$

$$
\begin{array}{cc|cccccc}
 & & 1 & 1 & 3 & 1 & 27 & 2 \\
1 & 0 & 1 & & & & & \\
0 & 1 & & & & & & \\
\end{array} \qquad \text{(c)}
$$

$$
\begin{array}{cc|cccccc}
 & & 1 & 1 & 3 & 1 & 27 & 2 \\
1 & 0 & 1 & 1 & 4 & 5 & 139 & 283 \\
0 & 1 & & & & & & \\
\end{array} \qquad \text{(d)}
$$

$$
\begin{array}{cc|cccccc}
 & & 1 & 1 & 3 & 1 & 27 & 2 \\
1 & 0 & \boxed{1} & 1 & 4 & 5 & 139 & 283 \\
0 & 1 & 1 & 2 & 7 & 9 & 250 & 509 \\
\end{array} \qquad \text{(e)}
$$

27. Ermittlung von Näherungswerten für beliebige Genauigkeit.

Das nachstehend beschriebene Verfahren [14] ergibt Näherungswerte, die bestimmte, vorgegebene Fehlergrenzen nicht überschreiten. Sind das Verhältnis $V = 1/i$ und ein zulässiger Fehler $\Delta V = \pm \Delta 1/i$ festgelegt, so gilt für die Fehlergrenzen:

$$V_1 = V - \Delta V \quad \text{und} \quad V_2 = V + \Delta V. \tag{33}$$

Aus der Tab. 4 (S. 20) bzw. mittels eines Rechenschiebers sind

$$\frac{p_1}{q_1} < V_1 \quad \text{und} \quad \frac{p_2}{q_2} > V_2 \tag{34}$$

als Näherungswerte von V_1 und V_2 zu ermitteln und

$$k_1 = \frac{p_2 - q_2\, V_1}{V_1 \cdot (q_1 + q_2) - (p_1 + p_2)} \tag{35}$$

sowie

$$k_2 = \frac{p_2 - q_2\, V_2}{V_2 \cdot (q_1 + q_2) - (p_1 + p_2)} \tag{36}$$

zu errechnen. Anschließend sind die Produkte $n \cdot k_1$ und $n \cdot k_2$ zu bilden, in denen der Faktor n die Werte 1, 2, 3, ... annimmt. Das Vorzeichen von n ist dem Vorzeichen von k_1 bzw. k_2 entsprechend so zu wählen, daß das Produkt $n \cdot k$ positiv wird. Die zwischen $n \cdot k_1$ und $n \cdot k_2$ liegenden ganzen Zahlen m werden bestimmt, wobei Werte von m, die einen gemeinsamen Faktor mit n haben, unberücksichtigt bleiben, um kürzbare Brüche p'/q' auszuscheiden. Nun wird der Näherungswert p'/q' aus

$$p' = m \cdot (p_1 + p_2) + n \cdot p_2 \tag{37}$$

und

$$q' = m \cdot (q_1 + q_2) + n \cdot q_2 \tag{38}$$

berechnet. Zähler und Nenner des Näherungswertes können, nachdem sie bestimmt sind, unter Zuhilfenahme einer Faktorentafel zerlegt werden.

Zur Erläuterung des geschilderten Vorgehens wird das folgende Beispiel[1] betrachtet:

Gegebenes Verhältnis: $V = \dfrac{p}{q} = \dfrac{283}{509} = 0{,}55599214$.

Zulässiger Fehler: $\Delta V = \pm\, 0{,}000008$.

---

[1] Alle Rechnungen in den Beispielen wurden mit der elektronischen Tischrechenmaschine Olympia RAE 4/15 durchgeführt.

Nach Gl. (33) ist dann:

$$V_1 = V - \Delta V = 0{,}55599214 - 0{,}000008 = 0{,}55598414;$$
$$V_2 = V + \Delta V = 0{,}55599214 + 0{,}000008 = 0{,}55600014 \,.$$

Aus der Tab. 4 (S. 20) folgt:

$$\frac{p_1}{q_1} = \frac{5}{9} = 0{,}5555556 < V_1 \quad \text{und} \quad \frac{p_2}{q_2} = \frac{14}{25} = 0{,}5600000 > V_2 \,.$$

Mit den Gln. (35) und (36) bekommt man:

$$k_1 = \frac{14 - 25 \cdot 0{,}55598414}{0{,}55598414 \cdot 34 - 19} = \frac{0{,}10039650}{-\,0{,}09653924} = -\,1{,}03995535;$$

$$k_2 = \frac{14 - 25 \cdot 0{,}55600014}{0{,}55600014 \cdot 34 - 19} = \frac{0{,}09999650}{-\,0{,}09599524} = -1{,}04168185 \,.$$

Nun können die weiteren Zahlenwerte nach folgender Tabelle berechnet werden[1]:

n	$n\,k_1$	$n\,k_2$	m	p'	q'	$\dfrac{p'}{q'}$	$V = \dfrac{z_1 \cdot z_3}{z_2 \cdot z_4}$
$-\ 24$	24,9589	25,0004	25	139	250	0,55600000	—
$-\ 25$	25,9989	26,0421	26	144	259	0,55598455	$\dfrac{9 \cdot 16}{7 \cdot 37}$
$-\ 49$	50,9578	51,0424	51	283	509	0,55599214	—
$-\ 73$	75,9167	76,0428	76	422	759	0,55599472	—
$-\ 74$	76,9567	77,0845	77	427	768	0,55598958	$\dfrac{7 \cdot 61}{24 \cdot 32}$
-174	180,9522	181,2526	181	1003	1804	0,55598669	$\dfrac{17 \cdot 59}{41 \cdot 44}$
-175	181,9922	182,2943	182	1008	1813	0,55598455	$\dfrac{28 \cdot 36}{37 \cdot 49}$

Die Werte p'/q' liegen innerhalb der geforderten Grenzen. Vier der Näherungswerte eignen sich für eine Faktorenzerlegung.

28. Näherungswerte mit der Rechenmaschine [21]. Hier wird das Verhältnis V in Form eines Dezimalbruches geschrieben, der mit dem Produkt $100 \cdot 100$ erweitert wird. Der so entstandene Bruch wird nochmals mit einem sinnvoll gewählten 1. Faktor erweitert. Sinnvoll heißt, daß der Faktor mit 100 multipliziert eine im Wechselrädersatz vorhandene Zähnezahl ergeben muß. Dann erweitert man mit einem sinnvollen, aber veränderlichen 2. Faktor so lange, bis Werte entstehen, die auf ganze Zahlen auf- oder abgerundet werden können, ohne daß unzulässig große Fehler auftreten.

Als Beispiel wird wiederum das Verhältnis

$$V = \frac{283}{509} = 0{,}55599214$$

betrachtet, aus dem man durch Erweitern mit $100 \cdot 100$

$$V = \frac{0{,}55599214 \cdot 100 \cdot 100}{100 \cdot 100} = \frac{5559{,}9214}{100 \cdot 100}$$

[1] Für n von -1 bis -23 ist eine Ermittlung von Wechselräder-Zähnezahlen hier nicht möglich, ebenso wie für $n = -24$. Andererseits wären weitere Zähnezahlen über $n = -175$ hinaus zu erwarten. Die obige Tabelle bringt also nur einen betrachteten Ausschnitt.

bekommt. Die Erweiterung mit dem 1. Faktor, für den 0,8 gewählt wurde, ergibt:

$$V' = \frac{5559,9214 \cdot 0,8}{100 \cdot 100 \cdot 0,8} = \frac{4447,93712}{80 \cdot 100}\,.$$

Schließlich wird mit dem 2. Faktor (= 0,73 als Anfangswert):

$$V'' = \frac{4447,93712 \cdot 0,73}{80 \cdot 100 \cdot 0,73} = \frac{3246,9940976}{80 \cdot 73} \approx \frac{3247}{80 \cdot 73} = V_{nä}\,.$$

Für das Eintragen der Rechenergebnisse bereitet man sich die untenstehende Tabelle vor. Ergebnisse, die unzulässig hohe Fehler entstehen lassen, wurden in der Tabelle nicht berücksichtigt. Die gefundenen Näherungswerte können mit Hilfe der Faktorentafel (Tab. 6, S. 54) zerlegt werden.

V	1. Faktor	V'	2. Faktor	V''	$V_{nä}$	$V_{nä} = \dfrac{z_1 \cdot z_3}{z_2 \cdot z_4}$
$\dfrac{5559,9214}{100 \cdot 100}$	0,8	$\dfrac{4447,93712}{80 \cdot 100}$	0,73	$\dfrac{3246,9940976}{80 \cdot 73}$	$\dfrac{3247}{80 \cdot 73}$	
			0,48	$\dfrac{2135,0098176}{80 \cdot 48}$	$\dfrac{2135}{80 \cdot 48}$	$\dfrac{35 \cdot 61}{80 \cdot 48}$
			0,25	$\dfrac{1111,9842800}{80 \cdot 25}$	$\dfrac{1112}{80 \cdot 25}$	
			0,23	$\dfrac{1023,0255376}{80 \cdot 23}$	$\dfrac{1023}{80 \cdot 23}$	$\dfrac{31 \cdot 33}{80 \cdot 23}$
	0,79	$\dfrac{4392,337906}{79 \cdot 100}$	0,78	$\dfrac{3426,02356668}{79 \cdot 78}$	$\dfrac{3426}{79 \cdot 78}$	—
			0,65	$\dfrac{2855,01963890}{79 \cdot 65}$	$\dfrac{2855}{79 \cdot 65}$	—
			0,52	$\dfrac{2284,01571112}{79 \cdot 52}$	$\dfrac{2284}{79 \cdot 52}$	—
			0,39	$\dfrac{1713,01178334}{79 \cdot 39}$	$\dfrac{1713}{79 \cdot 39}$	—
			0,26	$\dfrac{1142,00785556}{79 \cdot 26}$	$\dfrac{1142}{79 \cdot 26}$	—
	0,78	$\dfrac{4336,738692}{78 \cdot 100}$	0,79	$\dfrac{3426,02356668}{78 \cdot 79}$	$\dfrac{3426}{78 \cdot 79}$	—
			0,68	$\dfrac{2948,98231056}{78 \cdot 68}$	$\dfrac{2949}{78 \cdot 68}$	—
			0,49	$\dfrac{2125,00195908}{78 \cdot 49}$	$\dfrac{2125}{78 \cdot 49}$	$\dfrac{25 \cdot 85}{78 \cdot 49}$
			0,30	$\dfrac{1301,02160760}{78 \cdot 30}$	$\dfrac{1301}{78 \cdot 30}$	—
	0,76	$\dfrac{4225,540264}{76 \cdot 100}$	0,51	$\dfrac{2155,02553464}{76 \cdot 51}$	$\dfrac{2155}{76 \cdot 51}$	—
			0,47	$\dfrac{1986,00392408}{76 \cdot 47}$	$\dfrac{1986}{76 \cdot 47}$	—
			0,43	$\dfrac{1816,98231352}{76 \cdot 43}$	$\dfrac{1817}{76 \cdot 43}$	$\dfrac{23 \cdot 79}{76 \cdot 43}$

V	1. Faktor	V'	2. Faktor	V''	$V_{n\ddot{a}}$	$V_{n\ddot{a}} = \dfrac{z_1 \cdot z_3}{z_2 \cdot z_4}$
$\dfrac{5559{,}9214}{100 \cdot 100}$	0,75	$\dfrac{4169{,}941050}{75 \cdot 100}$	0,50	$\dfrac{2084{,}97052500}{75 \cdot 50}$	$\dfrac{2085}{75 \cdot 50}$	—
			0,40	$\dfrac{1667{,}97642000}{75 \cdot 40}$	$\dfrac{1668}{75 \cdot 40}$	—
			0,30	$\dfrac{1250{,}98231500}{25 \cdot 30}$	$\dfrac{1251}{75 \cdot 30}$	—
			0,20	$\dfrac{833{,}98821000}{75 \cdot 20}$	$\dfrac{834}{75 \cdot 20}$	—
	0,72	$\dfrac{4003{,}143408}{72 \cdot 100}$	0,64	$\dfrac{2562{,}01178112}{72 \cdot 64}$	$\dfrac{2562}{72 \cdot 64}$	$\dfrac{42 \cdot 61}{72 \cdot 64}$
			0,63	$\dfrac{2521{,}98034704}{72 \cdot 63}$	$\dfrac{2522}{72 \cdot 63}$	$\dfrac{26 \cdot 97}{72 \cdot 63}$
			0,32	$\dfrac{1281{,}00589056}{72 \cdot 32}$	$\dfrac{1281}{72 \cdot 32}$	$\dfrac{21 \cdot 61}{72 \cdot 32}$
			0,31	$\dfrac{1240{,}97445648}{72 \cdot 31}$	$\dfrac{1241}{72 \cdot 31}$	$\dfrac{17 \cdot 73}{72 \cdot 31}$
	0,70	$\dfrac{3891{,}944980}{70 \cdot 100}$	0,62	$\dfrac{2413{,}00588760}{70 \cdot 62}$	$\dfrac{2413}{70 \cdot 62}$	$\dfrac{19 \cdot 127}{70 \cdot 62}$
			0,50	$\dfrac{1945{,}97249000}{70 \cdot 50}$	$\dfrac{1946}{70 \cdot 50}$	—
			0,37	$\dfrac{1440{,}01964260}{70 \cdot 37}$	$\dfrac{1440}{70 \cdot 37}$	$\dfrac{36 \cdot 40}{70 \cdot 37}$
			0,25	$\dfrac{972{,}98624500}{70 \cdot 25}$	$\dfrac{973}{70 \cdot 25}$	—

Das Berechnen der Tabellenwerte auf der Rechenmaschine wird im übrigen so vorgenommen, daß der Zähler des Wertes V' als konstanter Faktor in die Maschine eingegeben und mit dem zweiten, zu variierenden Faktor fortlaufend multipliziert wird. Das Ergebnis dieser Rechenoperation sind die Zähler von V''. Wenn diese im Rahmen der Fehlergrenzen ein Abrunden auf ganze Zahlen zulassen, werden sie in die Tabelle als $V_{n\ddot{a}}$ eingetragen.

B. Praktische Wechselräderberechnung am Beispiel des Gewindeschneidens

29. Gewinde. Eine *Schraubenlinie* wird von einem Punkt beschrieben, der sich gleichförmig um eine feste Achse dreht und sich gleichzeitig in der Richtung dieser Achse mit gleichförmiger Geschwindigkeit fortbewegt. Wenn sich alle Punkte eines Gewindeprofils auf einer Schraubenlinie bewegen, entsteht die *Oberfläche eines Gewindes*. Unter dem *Profil eines Gewindes* ist der Schnitt der Gewindeoberfläche mit einer durch die Gewindeachse gelegten Ebene zu verstehen (Achsschnitt). Die im Maschinenbau verwendeten Gewinde können *rechts- oder linkssteigend* und *ein- oder mehrgängig* sein.

Von besonderer Bedeutung für die Berechnung von Wechselrädern ist die *Steigung* des Gewindes, manchmal auch noch als Ganghöhe bezeichnet, und das Maß, in dem sie gemessen wird. Bei metrischem Gewinde wird die Steigung in Millimetern, bei Whitworth-Gewinde in Zoll angegeben, z. B. $P = 1$ mm und $P = 1/8''$. Häufig wird jedoch bei Zollgewinden die Anzahl der Gänge genannt, die auf 1″ geschnitten werden sollen, z. B. 8 Gang auf 1″. Offensichtlich bedeutet 8 Gang auf 1″ dasselbe wie 1/8″ Steigung.

Schneckensteigungen werden oft als Vielfache von π in mm angegeben. Man nennt sie auch Modulsteigungen und setzt:

$$P = 1\,\pi = 3{,}14 \text{ mm} = 1 \text{ Modul};$$
$$P = 2\,\pi = 6{,}28 \text{ mm} = 2 \text{ Modul};$$
$$P = 3\,\pi = 9{,}42 \text{ mm} = 3 \text{ Modul usw.}$$

In Ländern mit Zollmaßsystem sind ferner Diametral-Pitch-Steigungen bei Schnecken gebräuchlich (Diametral-Pitch = Durchmesserteilung). Während Modulsteigungen Vielfache von π in mm sind, stellen Diametral-Pitch-Steigungen Bruchteile von π in Zoll dar. Es gilt:

$$P = 1\,\pi'' = 3{,}14'' = 1 \text{ Pitch}$$
$$P = \pi/2'' = 1{,}57'' = 2 \text{ Pitch}$$
$$P = \pi/3'' = 1{,}047'' = 3 \text{ Pitch usw.}$$

Ähnlich wie man von Gang auf 1″ spricht, kann man im vorliegenden Fall auch Gang auf π'' angeben. Es ist:

$$P = 1 \text{ Gg. auf } \pi'' = 1 \text{ Pitch};$$
$$P = 2 \text{ Gg. auf } \pi'' = 2 \text{ Pitch};$$
$$P = 3 \text{ Gg. auf } \pi'' = 3 \text{ Pitch usw.}$$

Eine Zusammenfassung der gebräuchlichsten Steigungsangaben und die Umrechnung von Gewindesteigungen gibt Tab. 7 [4].

Tabelle 7. *Gewindesteigungen und ihre Umrechnung*

Steigungsangabe in	Beispiel	Umrechnung in Millimetersteigung
Millimeter	$P = 1$ mm	—
Zoll	$P' = 1/8''$	$P = P' \cdot 25{,}4 = 3{,}175$ mm
Gang a. 1″	$P'' = 8$ Gg. a. 1″	$P = \dfrac{1}{P''} \cdot 25{,}4 = 3{,}175$ mm
Modul	$m = 2$ Modul	$P = m \cdot \pi = 6{,}28$ mm
Diametral-Pitch	$p = 3$ Pitch	$P = \dfrac{\pi}{p} \cdot 25{,}4 = 26{,}585$ mm

30. Aufstellung der Berechnungsgleichung. Beim Gewindeschneiden auf einer Leitspindeldrehmaschine schneidet ein in der Richtung der Werkstückachse gleichförmig fortbewegter Drehmeißel die Form des Gewindeprofils in das gleichförmig umlaufende, (meist) zylindrische Werkstück hinein. Der Meißelweg für jede Umdrehung der Arbeitsspindel bzw. des Werkstückes muß der zu schneidenden Steigung gleich sein. Arbeits- und Leitspindel sind über Zahnräder miteinander verbunden. Unterschiedliche Steigungen können durch Wechselräder erzeugt werden.

In den Bildern 33 und 34 sind Wechselräderantriebe schematisch dargestellt. Durch z_1 und z_3 sind die treibenden Räder gekennzeichnet, durch z_2 und z_4 die getriebenen. Bild 33 zeigt einen Wechselrädertrieb mit einfacher Übersetzung, während in Bild 34 die doppelte Übersetzung erläutert ist, bei der zwei Räderpaare verwendet werden. Auf die dreifache Übersetzung [4], eine Erweiterung auf drei Räderpaare, soll hier nicht näher eingegangen werden. Sie wird nur selten verwendet und erfordert meist eine verlängerte Wechselradschere.

Mit Gl. (20) ist bereits die Beziehung abgeleitet worden, die eine Berechnung von Wechselrädern für den Fall ermöglicht, daß außer den Wechselrädern zwischen Arbeits- und Leitspindel keine zusätzlichen Übersetzungen vorhanden sind. Danach galt[1]:

$$\frac{z_1}{z_2} = \frac{P_W}{P_L} = \frac{\mathrm{TR}}{\mathrm{GR}} \,. \tag{39}$$

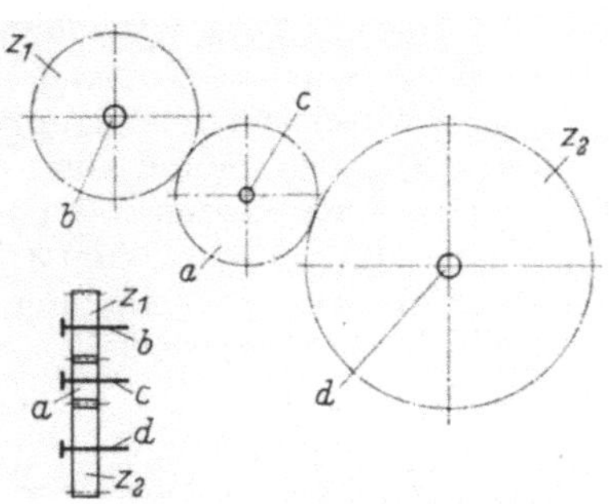

Bild 33. Einfache Wechselräderübersetzung.

a Zwischenrad; b Wechselradantriebswelle; c Scherenbolzen; d Wechselradabtriebswelle; $z_1 \cdots z_4$ Wechselräder.

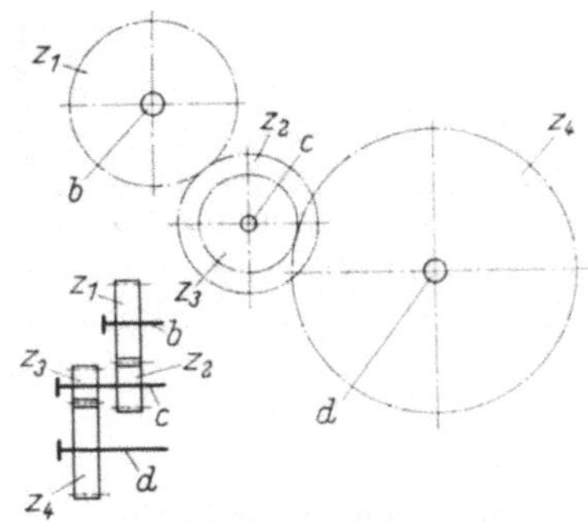

Bild 34. Doppelte Wechselräderübersetzung.

Bezeichnungen vgl. Bild 33.

Das heißt in Worten: Die Zähnezahl des treibenden Rades TR verhält sich zur Zähnezahl des getriebenen Rades GR wie die zu schneidende Steigung auf dem Werkstück P_W zur Leitspindelsteigung P_L.

31. Berechnung mit Maschinensteigung. In der Praxis liegen die Dinge nun nicht so einfach, wie sie zur Darlegung der grundsätzlichen Gegebenheiten in Bild 32 gezeigt wurden, wo also Arbeits- und Leitspindel durch ein einziges Wechselräderpaar verbunden sind. Vielmehr befindet sich zwischen Arbeitsspindel und Wechselrädern häufig noch ein Schieberadgetriebe im Spindelkasten (Bild 24). Von den Wechselrädern, die dann als nächstes Glied in der Getriebekette folgen, wird die Drehbewegung in das Vorschubgetriebe eingeleitet und am Ausgang des Getriebes an die Leitspindel weitergegeben. Alle durch diese Getriebe zusätzlich zu den Wechselrädern zwischen Arbeits- und Leitspindel eingeschalteten, sogenannten inneren Übersetzungen sind bei der Wechselräderberechnung zu berücksichtigen. Dies erreicht man, indem Gl. (20) zweckentsprechend ergänzt wird. Aus Bild 35 läßt sich ableiten:

$$\frac{P_W}{P_L} = \frac{1}{i} \cdot \frac{1}{i_z}, \tag{40}$$

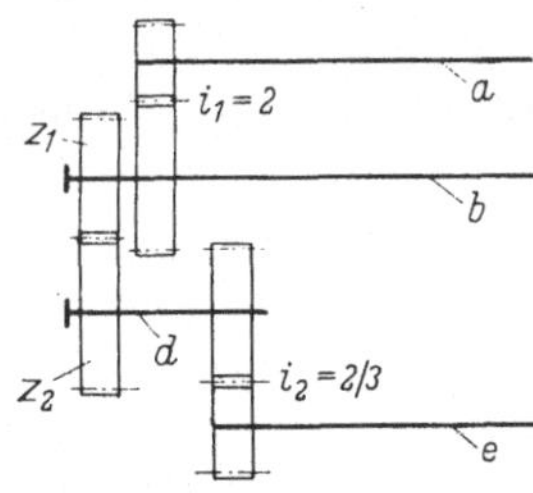

Bild 35. Innere Übersetzung an einer Leitspindeldrehmaschine (Wechselradschere und Zwischenrad sind nicht dargestellt).

a Arbeitsspindel; b Wechselradantriebswelle; d Wechselradabtriebswelle; e Leitspindel; $i_z = i_1 \cdot i_2$ innere Übersetzung; z_1, z_2 Wechselräder.

worin i das Übersetzungsverhältnis der Wechselräder und i_z das Übersetzungsverhältnis aller sonstigen zwischen Arbeits- und Leitspindel vorhandenen Zahnradpaare bedeutet. Durch Auflösen der Gl. (40) nach der Werkstücksteigung ergibt sich:

$$P_W = \frac{1}{i} \cdot \frac{P_L}{i_z} = \frac{1}{i}\, P_M \tag{41}$$

---

[1] Die entsprechende Gleichung für die doppelte Übersetzung lautet: $\dfrac{z_1 \cdot z_3}{z_2 \cdot z_4} = \dfrac{P_W}{P_L} = \dfrac{\mathrm{TR}}{\mathrm{GR}} \,.$

oder mit $V = 1/i$ wird

$$P_W = V \cdot P_M .\tag{42}$$

Die Größe

$$P_M = \frac{P_L}{i_z}\tag{43}$$

wird im Gegensatz zur Leitspindelsteigung als Maschinensteigung bezeichnet. Sie kann für die Berechnung der Wechselräder benutzt werden.

Für eine Maschinensteigung von 6 mm kann die Leitspindelsteigung z. B. 12 mm betragen, wenn die Übersetzung $i_z = 2$ ist. Die Leitspindel könnte aber auch eine Steigung von 9 mm haben, falls nämlich im Spindelkasten eine Übersetzung von 2:1 und eine weitere Übersetzung im Vorschubräderkasten von 3:4 vorhanden ist. Wenn $i_z = 1$ wird, ist selbstverständlich die Maschinensteigung gleich der Leitspindelsteigung. An modernen Leitspindeldrehmaschinen läßt sich die Übersetzung 1:1 vielfach über Handhebel einstellen.

Die Maschinensteigung kann, falls sie nicht bekannt ist, durch Aufstecken einer Wechselräderübersetzung von 1:1 und Schneiden eines Probegewindes bestimmt werden. Die Steigung des Probegewindes wird gemessen. Sie ist dann gleich der Maschinensteigung, die zur Wechselräderberechnung zu verwenden ist. Eine andere Methode zur Ermittlung der Maschinensteigung geht ebenfalls von der Wechselräderübersetzung 1:1 aus. Nach dem Schließen der Schloßmutter wird die Stellung des Bettschlittens auf dem Bett gekennzeichnet. Anschließend dreht man die Arbeitsspindel von Hand zehnmal (um den Fehler zu verkleinern) und mißt den vom Bettschlitten zurückgelegten Weg. Teilt man diesen durch zehn, so erhält man die gesuchte Maschinensteigung.

Aus den Gln. (40), (42) und (43) folgt die zur Berechnung der Wechselräder für den Fall zu benutzende Gleichung, daß eine innere Übersetzung vorhanden ist:

$$V = \frac{1}{i} = \frac{z_1}{z_2} = \frac{P_W}{P_M} = \frac{\mathrm{TR}}{\mathrm{GR}} .\tag{44}$$

Das heißt in Worten: Die Zähnezahl des treibenden Rades TR verhält sich zur Zähnezahl des getriebenen Rades GR wie die zu schneidende Steigung auf dem Werkstück P_W zur Maschinensteigung P_M. Man kann auch sagen, daß das Räderverhältnis gleich dem Steigungsverhältnis ist. Zur Erläuterung der Räderformeln der Gln. (39) und (44) betrachte man folgendes Beispiel:

Beispiel 1.

Gegeben: Werkstücksteigung $P_W = 1$ mm, Leitspindelsteigung $P_L = 6$ mm, innere Übersetzung $i_z = i_1 \cdot i_2 = 2 \cdot \dfrac{2}{3} = \dfrac{4}{3}$.

Gesucht: Die Maschinensteigung und die Wechselräder.

Lösung: Die Maschinensteigung beträgt nach Gl. (43):

$$P_M = \frac{P_L}{i_z} = \frac{6 \cdot 3}{4} = \frac{9}{2} = 4{,}5 \text{ mm} .$$

Damit ergibt sich aus Gl. (44) für die Zähnezahlen der Wechselräder:

$$\frac{\mathrm{TR}}{\mathrm{GR}} = \frac{P_W}{P_M} = \frac{1}{4{,}5} = \frac{1 \cdot 20}{4{,}5 \cdot 20} = \frac{20}{90} .$$

Die abgeleiteten Gln. (39) bzw. (44) gelten grundsätzlich auch für Zollsteigungen. Wenn allerdings bei Zollsteigungen die Anzahl der Gänge auf 1″ angegeben ist, erhalten die genannten Gleichungen eine andere Form. Weil eine Steigung von 1/8″ gleich 8 Gg./1″ entspricht, ist das aus der Gangzahl auf 1″ des zu schneidenden Werkstückgewindes WG und der

Leitspindelgangzahl LG gebildete Verhältnis der Kehrwert des Steigungsverhältnisses. Es ist also:

$$\frac{WG}{LG} = \frac{P_L}{P_W} \quad \text{oder} \quad \frac{LG}{WG} = \frac{P_W}{P_L}, \tag{45}$$

wobei die innere Übersetzung $i_z = 1$ vorausgesetzt ist. Für $i_z \neq 1$ muß mit Maschinengängen MG gerechnet werden, so daß aus Gl. (45) wird:

$$\frac{MG}{WG} = \frac{P_W}{P_M}. \tag{46}$$

Mit den Umrechnungsformeln (45) und (46) können Gangverhältnisse durch Steigungsverhältnisse und umgekehrt Steigungsverhältnisse durch Gangverhältnisse ausgedrückt werden. Setzt man Gl. (45) in Gl. (39) und Gl. (46) in Gl. (44) ein, so ergibt sich für das Räderverhältnis

$$\frac{TR}{GR} = \frac{LG}{WG} \quad \text{für} \quad i_z = 1 \tag{47}$$

und

$$\frac{TR}{GR} = \frac{MG}{WG} \quad \text{für} \quad i_z \neq 1. \tag{48}$$

Tab. 8 gibt eine Übersicht über die zur Wechselräderberechnung nötigen Formeln. Die für $i_z \neq 1$ gültigen Gleichungen entstehen aus den Gleichungen für $i_z = 1$ durch Einsetzen der Maschinensteigung anstelle der Leitspindelsteigung bzw. der Maschinengänge und der Werkstückgänge anstelle der Maschinensteigung und der Werkstücksteigung. Dabei ist Gl. (46) zu beachten.

Tabelle 8. *Zusammenstellung der Formeln für die Wechselräderberechnung an Drehmaschinen*

	Innere Übersetzung $i_z = 1$	Innere Übersetzung $i_z \neq 1$
Räderformel für Steigungsverhältnisse	$\dfrac{TR}{GR} = \dfrac{P_W}{P_L}$	$\dfrac{TR}{GR} = \dfrac{P_W}{P_M}$
Umrechnungsformel von Gang- auf Steigungsverhältnisse	$\dfrac{LG}{WG} = \dfrac{P_W}{P_L}$	$\dfrac{MG}{WG} = \dfrac{P_W}{P_M}$
Räderformel für Gangverhältnisse	$\dfrac{TR}{GR} = \dfrac{LG}{WG}$	$\dfrac{TR}{GR} = \dfrac{MG}{WG}$

32. Berechnung für benachbarte Steigungen. Auf Leitspindeldrehmaschinen mit Vorschubschaltgetriebe kann beim Schneiden ungewöhnlicher, nicht auf der Steigungstabelle angegebener Gewindesteigungen die innere Übersetzung i_z dadurch berücksichtigt werden, daß man an den Handhebeln der Maschine eine der zu schneidenden Steigung P'_W benachbarte Steigung P_W einschaltet. Die benachbarte Steigung kann kleiner oder größer sein als die zu schneidende Steigung. Die für die benachbarte Steigung erforderlichen Wechselräder $V = 1/i = z_1/z_2$, die auf der Steigungstabelle der Maschine abgelesen werden können, werden mit Hilfe des aus P'_W und P_W gebildeten Bruches korrigiert. Die auf diese Weise berechneten neuen Wechselräder $V' = 1/i' = z'_1/z'_2$ sind dann auf der Wechselradschere aufzustecken. Dieses Ergebnis läßt sich auch aus Gl. (40) ableiten. Für die benachbarte Steigung ist:

$$i \cdot P_W = \frac{P_L}{i_z}, \tag{49}$$

während für die zu schneidende Steigung gilt:

$$i' \cdot P'_W = \frac{P_L}{i_z}. \tag{50}$$

Sind zwei Größen einer dritten gleich, so sind alle untereinander gleich, d. h. also, daß aus den Gl. (49) und (50) folgt:

$$i' \cdot P'_W = i \cdot P_W \; ; \tag{51}$$

$$\frac{1}{i'} = \frac{1}{i} \cdot \frac{P'_W}{P_W} \tag{52}$$

und damit:

$$\frac{z'_1}{z'_2} = \frac{z_1}{z_2} \cdot \frac{P'_W}{P_W} \; . \tag{53}$$

Die dargelegten Zusammenhänge soll wiederum ein Beispiel erläutern.

Beispiel 2.

Gegeben: Werkstücksteigung $P'_W = 0{,}85$ mm, nächst niedrigerer Wert aus der Steigungstabelle (benachbarte Steigung) $P_W = 0{,}80$ mm. Wechselräderübersetzung für die benachbarte Steigung von $P_W = 0{,}80$ mm lt. Steigungstabelle an der Maschine $z_1/z_2 = 50/100$.

Gesucht: Die neuen Wechselräder z'_1 und z'_2 zum Schneiden der Steigung $P'_W = 0{,}85$ mm.

Lösung: Aus Gl. (53) erhält man das neue Räderverhältnis:

$$\frac{z'_1}{z'_2} = \frac{z_1}{z_2} \cdot \frac{P'_W}{P_W} = \frac{50}{100} \cdot \frac{0{,}85}{0{,}80} = \frac{42{,}5}{80} \; .$$

Durch Erweitern wird zunächst der Dezimalbruch beseitigt:

$$\frac{z'_1}{z'_2} = \frac{42{,}5 \cdot 2}{80 \cdot 2} = \frac{85}{160} \; .$$

Durch Anwendung der Faktorentafel (Tab. 6, S. 54), Kürzen und erneutes Erweitern findet man schließlich:

$$\frac{z'_1}{z'_2} = \frac{5 \cdot 17}{32 \cdot 5} = \frac{17 \cdot 3}{32 \cdot 3} = \frac{51}{96} \; .$$

Die Richtigkeit dieser Rechnung kann durch eine Probe überprüft werden:
Probe: Löst man Gl. (53) nach P'_W auf, so ist:

$$P'_W = \frac{z'_1}{z'_2} \cdot \frac{z_2}{z_1} \cdot P_W = \frac{51}{96} \cdot \frac{100}{50} \cdot 0{,}8 = \frac{4080}{4800} = 0{,}85 \text{ mm} \; .$$

33. Prüfung der Aufsteckbarkeit. Nach Berechnung der Zähnezahlen ist festzustellen, ob die Räder aufgesteckt werden können, ohne gegen eine Welle zu stoßen. Für die zweifache Übersetzung gilt die folgende *Aufsteckregel* mit $z_x \geqq 15$:

$$(z_1 + z_2) > (z_3 + z_x) \tag{54}$$

und

$$(z_3 + z_4) > (z_2 + z_x) \; . \tag{55}$$

Beispiel 3.

Gegeben: Das Räderverhältnis $\dfrac{\text{TR}}{\text{GR}} = \dfrac{2}{15}$.

Gesucht: Die Wechselräder, Überprüfung der Aufsteckbarkeit.

Lösung: Durch Faktorenzerlegung und Erweitern erhält man für die Wechselräder:

$$\frac{\text{TR}}{\text{GR}} = \frac{2}{15} = \frac{1 \cdot 2}{3 \cdot 5} = \frac{1 \cdot 35}{3 \cdot 35} \cdot \frac{2 \cdot 10}{5 \cdot 10}; \quad \text{das ist } \frac{z_1 \cdot z_3}{z_2 \cdot z_4} = \frac{35 \cdot 20}{105 \cdot 50} \; .$$

Nun wird die Aufsteckbarkeit mit den Gln. (54) und (55) kontrolliert: $(35 + 105) > (20 + 15)$ ist erfüllt. Da aber $(20 + 50) < (105 + 15)$ ist, lassen sich die Räder nicht aufstecken. Durch ein geschicktes Erweitern ist die Aufsteckbarkeit jedoch zu erreichen:

$$\frac{\text{TR}}{\text{GR}} = \frac{25 \cdot 40}{75 \cdot 100} = \frac{30 \cdot 40}{90 \cdot 100} = \frac{35 \cdot 50}{105 \cdot 125} \text{ usw.}$$

34. Berechnung von Genauwerten. Bei der Berechnung von Wechselrädern ist grundsätzlich darauf zu achten, daß die Steigungen, die in die Räderformeln der Tab. 8, S. 35 eingesetzt werden müssen, dieselbe Dimension haben (z. B. P_W in Zoll und P_M in Zoll). Da aber die Leitspindel- und die Maschinensteigung in Millimeter, Zoll oder Gang auf 1 Zoll angegeben werden, während die Werkstücksteigung in Millimeter, Zoll, Gang auf 1 Zoll, Modul oder Diametral-Pitch vorliegen kann, kommt es verschiedentlich vor, daß P_W und P_M in der Aufgabenstellung unterschiedliche Dimensionen aufweisen. Um Dimensionsgleichheit zu bekommen, muß in solchen Fällen eine Umrechnung durchgeführt werden (z. B. P_W in Zoll umgerechnet auf P_W in Millimeter) [4]. Diese Umrechnung ist für die verschiedenen Möglichkeiten in Tab. 9 bereits durchgeführt. Ausgehend von der Aufgabenstellung geht man in die zweite und dritte Spalte hinein und liest in Spalte 5 die auf den Fall zutreffende Räderformel ab. Dimensionsrichtigkeit ist dann stets gegeben. Einige Beispiele:

a) Maschinensteigung in Millimetern.

Beispiel 4.

Gegeben: Maschinensteigung $P_M = 12$ mm, Werkstücksteigung $P_W = 1/4''$.

Gesucht: Die Wechselräder.

Lösung: Es liegt Fall 2a der Tab. 9 vor. Demnach ist:

$$\frac{TR}{GR} = \frac{25{,}4 \cdot P_W \text{ in Zoll}}{P_M \text{ in mm}} = \frac{25{,}4 \cdot 1}{12 \cdot 4} = \frac{6{,}35}{12} = \frac{635}{12 \cdot 100} .$$

Zerlegt und auf brauchbare Zähnezahlen erweitert:

$$\frac{TR}{GR} = \frac{635}{12 \cdot 100} = \frac{5 \cdot 127}{12 \cdot 100} = \frac{50 \cdot 127}{120 \cdot 100} = \frac{z_1 \cdot z_3}{z_2 \cdot z_4} .$$

Probe: $P_W = \dfrac{TR}{GR} \cdot P_M = \dfrac{50 \cdot 127}{120 \cdot 100} \cdot 12 = 6{,}35$ mm oder $\dfrac{6{,}35}{25{,}4}$ Zoll $= \dfrac{1''}{4}$.

Beispiel 5.

Gegeben: Maschinensteigung $P_M = 10$ mm, Werkstücksteigung WG $= 9$ Gg. auf $1''$.

Gesucht: Die Wechselräder.

Lösung: Es liegt Fall 3a der Tab. 9 vor. Demnach ist:

$$\frac{TR}{GR} = \frac{25{,}4}{\text{WG in Gg. auf } 1'' \cdot P_M \text{ in mm}} = \frac{25{,}4}{9 \cdot 10} .$$

Durch Erweitern findet man:

$$\frac{TR}{GR} = \frac{25{,}4}{9 \cdot 10} = \frac{25{,}4 \cdot 5}{9 \cdot 5 \cdot 10} = \frac{127}{45 \cdot 10} = \frac{127 \cdot 2}{45 \cdot 2 \cdot 10} = \frac{127 \cdot 20}{90 \cdot 100} = \frac{z_1 \cdot z_3}{z_2 \cdot z_4} .$$

Probe: $P_W = \dfrac{TR}{GR} \cdot P_M = \dfrac{127 \cdot 20}{90 \cdot 100} \cdot 10 = 2{,}82222$ mm $= \dfrac{1''}{9} = 9$ Gg. auf $1'' =$ WG.

b) Maschinensteigung in Zoll.

Beispiel 6.

Gegeben: Maschinensteigung $P_M = 1/2''$, Werkstücksteigung $P_W = 1{,}75$ mm.

Gesucht: Die Wechselräder.

Lösung: Es liegt Fall 1b der Tab. 9 vor. Demnach ist:

$$\frac{TR}{GR} = \frac{P_W \text{ in mm}}{25{,}4 \cdot P_M \text{ in Zoll}} = \frac{3{,}5}{25{,}4} .$$

Durch Erweitern findet man: $\dfrac{TR}{GR} = \dfrac{35 \cdot 5}{127 \cdot 10} = \dfrac{35 \cdot 50}{127 \cdot 100} = \dfrac{z_1 \cdot z_3}{z_2 \cdot z_4} .$

Probe: $P_W = \dfrac{TR}{GR} \cdot 25{,}4 \cdot P_M \text{ in Zoll} = \dfrac{35 \cdot 50}{127 \cdot 100} 25{,}4 \cdot \dfrac{1}{2} = 1{,}75$ mm.

Tabelle 9. *Formeln zur Wechselräderberechnung für Drehmaschinen*

Fall	Gegebene Werkstücksteigung	Gegebene Maschinensteigung (Leitspindelsteigung)	Verwendete Umrechnungsformel	Formel zur Wechselräderberechnung [1]
1	2	3	4	5
1a	P_W in mm	P_M in mm	—	$\dfrac{\mathrm{TR}}{\mathrm{GR}} = \dfrac{P_W \text{ in mm}}{P_M \text{ in mm}}$
1b		P_M in Zoll	P_M in mm $= 25{,}4 \cdot P_M$ in Zoll[2]	$\dfrac{\mathrm{TR}}{\mathrm{GR}} = \dfrac{P_W \text{ in mm}}{25{,}4 \cdot P_M \text{ in Zoll}}$
1c		MG in Gg. a. 1″	P_M in mm $= \dfrac{25{,}4}{\text{MG in Gg. a. 1″}}$	$\dfrac{\mathrm{TR}}{\mathrm{GR}} = \dfrac{P_W \text{ in mm} \cdot \text{MG in Gg. a. 1″}}{25{,}4}$
2a	P_W in Zoll	P_M in mm	P_W in mm $= 25{,}4 \cdot P_W$ in Zoll	$\dfrac{\mathrm{TR}}{\mathrm{GR}} = \dfrac{25{,}4 \cdot P_W \text{ in Zoll}}{P_M \text{ in mm}}$
2b		P_M in Zoll	—	$\dfrac{\mathrm{TR}}{\mathrm{GR}} = \dfrac{P_W \text{ in Zoll}}{P_M \text{ in Zoll}}$
2c		MG in Gg. a. 1″	P_M in Zoll $= \dfrac{1}{\text{MG in Gg. a. 1″}}$	$\dfrac{\mathrm{TR}}{\mathrm{GR}} = P_W \text{ in Zoll} \cdot \text{MG in Gg. a. 1″}$
3a	WG in Gg. a. 1″	P_M in mm	P_W in mm $= \dfrac{25{,}4}{\text{WG in Gg. a. 1″}}$	$\dfrac{\mathrm{TR}}{\mathrm{GR}} = \dfrac{25{,}4}{\text{WG in Gg. a. 1″} \cdot P_M \text{ in mm}}$
3b		P_M in Zoll	P_W in Zoll $= \dfrac{1}{\text{WG in Gg. a. 1″}}$	$\dfrac{\mathrm{TR}}{\mathrm{GR}} = \dfrac{1}{\text{WG in Gg. a. 1″} \cdot P_M \text{ in Zoll}}$
3c		MG in Gg. a. 1″	—	$\dfrac{\mathrm{TR}}{\mathrm{GR}} = \dfrac{\text{MG in Gg. a. 1″}}{\text{WG in Gg. a. 1″}}$

Tabelle 9 (*Fortsetzung*)

Fall	Gegebene Werkstücksteigung	Gegebene Maschinensteigung (Leitspindelsteigung)	Verwendete Umrechnungsformel	Formel zur Wechselräderberechnung[1]
1	2	3	4	5
4a	P_W in Modul	P_M in mm	P_W in mm $= \pi \cdot P_W$ in Modul	$\dfrac{\text{TR}}{\text{GR}} = \dfrac{\pi \cdot P_W \text{ in Modul}}{P_M \text{ in mm}}$
4b		P_M in Zoll	P_W in mm $= \pi \cdot P_W$ in Modul P_M in mm $= 25{,}4 \cdot P_M$ in Zoll	$\dfrac{\text{TR}}{\text{GR}} = \dfrac{\pi \cdot P_W \text{ in Modul}}{25{,}4 \cdot P_M \text{ in Zoll}}$
4c		MG in Gg. a. 1''	P_W in mm $= \pi \cdot P_W$ in Modul P_M in mm $= \dfrac{25{,}4}{\text{MG in Gg. a. 1''}}$	$\dfrac{\text{TR}}{\text{GR}} = \dfrac{\pi \cdot P_W \text{ in Modul} \cdot \text{MG in Gg. a. 1''}}{25{,}4}$
5a	P_W in Diametral-Pitch	P_M in mm	P_W in mm $= \dfrac{25{,}4 \cdot \pi}{P_W \text{ in Diametral-Pitch}}$	$\dfrac{\text{TR}}{\text{GR}} = \dfrac{25{,}4 \cdot \pi}{P_W \text{ in Diametral-Pitch} \cdot P_M \text{ in mm}}$
5b		P_M in Zoll	P_W in Zoll $= \dfrac{\pi}{P_W \text{ in Diametral-Pitch}}$	$\dfrac{\text{TR}}{\text{GR}} = \dfrac{\pi}{P_W \text{ in Diametral-Pitch} \cdot P_M \text{ in Zoll}}$
5c		MG in Gg. a. 1''	WG in Gg. a. 1'' $= \dfrac{P_W \text{ in Diametral-Pitch}}{\pi}$	$\dfrac{\text{TR}}{\text{GR}} = \dfrac{\pi \cdot \text{MG in Gg. a. 1''}}{P_W \text{ in Diametral-Pitch}}$

[1] Zahlenwertgleichungen mit Hilfe der Umrechnungsformeln aus den Gln. (44) bzw. (48) hergeleitet.

[2] Bei der Umrechnung von Zoll in Millimeter gilt für industrielle Messungen nach DIN 4890 die Beziehung 1 Zoll $= 25{,}4$ mm bei einer Temperatur von 20 °C (Genauwerte für 1'' engl. $= 25{,}399956$ mm, für 1'' amerik. $= 25{,}400051$ mm bei 20 °C).

c) Maschinensteigung in Gang auf 1 Zoll.

Beispiel 7.

Gegeben: Maschinensteigung $MG = 4$ Gg. auf $1''$, Werkstücksteigung $P_W = 1/19''$.

Gesucht: Die Wechselräder.

Lösung: Es liegt Fall 2c der Tab. 9 vor. Demnach ist:

$$\frac{TR}{GR} = P_W \text{ in Zoll} \cdot MG \text{ in Gg. auf } 1'' = \frac{4}{19}.$$

Durch Erweitern findet man: $\dfrac{TR}{GR} = \dfrac{4}{19} = \dfrac{20}{95} = \dfrac{z_1}{z_2}$.

Probe: $P_W = \dfrac{TR}{GR} \cdot \dfrac{1}{MG \text{ in Gg. auf } 1''} = \dfrac{20}{95} \cdot \dfrac{1}{4} = \dfrac{1}{19}{}''$.

Falls ein Wechselrad mit 20 Zähnen nicht vorhanden ist, kann z. B. wie folgt erweitert werden:

$$\frac{TR}{GR} = \frac{4}{19} = \frac{2 \cdot 2}{19 \cdot 1} = \frac{40 \cdot 50}{95 \cdot 100} = \frac{z_1 \cdot z_3}{z_2 \cdot z_4}.$$

Die Probe liefert wieder $P_W = 1/19''$.

35. Besonderheiten bei der Berechnung von Näherungslösungen. Hat man Wechselräder für Modul- oder Pitchsteigungen zu bestimmen, so taucht in den Rechenformeln der Tab. 9, S. 38 der Wert $\pi = 3{,}14159\ldots$ auf. Diese Zahl läßt sich nur näherungsweise durch einen Bruch darstellen. Näherungslösungen haben Steigungsfehler am Werkstück zur Folge. Es ist stets ratsam, sich einen Überblick darüber zu verschaffen, ob ein entstehender Fehler zulässig ist oder nicht. Zu Näherungen wird man ebenfalls geführt, wenn für die Lösung von Aufgaben, bei denen der Wert 25,4 in der Räderformel erscheint, kein Rad mit 127 Zähnen zur Verfügung steht. Als Beispiele werden folgende Fälle betrachtet:

a) Ein Wechselrad mit 127 Zähnen ist nicht vorhanden.

Beispiel 8.

Gegeben: Maschinensteigung $P_M = 12$ mm, Werkstücksteigung $P_W = 1/4''$.

Gesucht: Die Wechselräder, wenn kein Rad mit 127 Zähnen vorhanden ist.

1. Lösung: Es liegt der Fall 2a der Tab. 9 vor. Demnach ist:

$$\frac{TR}{GR} = \frac{25{,}4 \cdot P_W \text{ in Zoll}}{P_M \text{ in mm}} = \frac{25{,}4 \cdot 1}{12 \cdot 4} = \frac{25{,}4}{48}.$$

Nun wird für den Wert 25,4 aus der Tab. 10 die Näherung $\dfrac{40 \cdot 40}{7 \cdot 9} = \dfrac{1600}{63}$ eingesetzt:

$$\frac{TR}{GR} = \frac{25{,}4}{48} = \frac{1600}{48 \cdot 63}.$$

Dieser Bruch wird gekürzt, zerlegt und auf brauchbare Zähnezahlen erweitert:

$$\frac{TR}{GR} = \frac{1600}{48 \cdot 63} = \frac{1600}{3 \cdot 4 \cdot 4 \cdot 7 \cdot 9} = \frac{100}{3 \cdot 7 \cdot 9} = \frac{20 \cdot 5}{21 \cdot 9} = \frac{100 \cdot 50}{105 \cdot 90} = \frac{z_1 \cdot z_3}{z_2 \cdot z_4}.$$

Probe: $P_W = \dfrac{TR}{GR} \cdot P_M = \dfrac{100 \cdot 50}{105 \cdot 90} \cdot 12 = 6{,}3492$ mm.

Mit Gl. (21) errechnet man, daß die Steigung von $1/4'' = 6{,}35$ mm mit einem Fehler von $-0{,}125^0/_{00}$ geschnitten wird. Über zulässige Steigungsfehler vgl. weiter unten.

2. Lösung: Es werden Wechselrädertabellen benutzt. Es war: $\dfrac{TR}{GR} = \dfrac{25{,}4}{48} = 0{,}5291667$.

Aus der Tabelle in [2] läßt sich als Näherungswert ablesen:

$$\frac{TR}{GR} \approx 0{,}529172 = \frac{30 \cdot 65}{55 \cdot 67} = \frac{z_1 \cdot z_3}{z_2 \cdot z_4}.$$

Tabelle 10. *Näherungswerte für die Wechselräderberechnung*

Näherungswerte für $1'' = 25{,}4$ mm[1]	Fehler ⁰/₀₀	Näherungswerte für $\dfrac{\pi}{1''} = \dfrac{\pi}{25{,}4} = 0{,}123685$ mm⁻¹	Fehler ⁰/₀₀
$\dfrac{18 \cdot 24}{17} = 25{,}411765$	$+0{,}463$	$\dfrac{22 \cdot 5}{7 \cdot 127} = 0{,}123735$	$+0{,}404$
$\dfrac{127}{5} = 25{,}400000$	$0{,}000$	$\dfrac{12}{97} = 0{,}123711$	$+0{,}210$
$\dfrac{89 \cdot 125}{73 \cdot 6} = 25{,}399543$	$-0{,}018$	$\dfrac{5 \cdot 19}{32 \cdot 24} = 0{,}123698$	$+0{,}105$
$\dfrac{40 \cdot 40}{7 \cdot 9} = 25{,}396825$	$-0{,}125$	$\dfrac{10 \cdot 20}{33 \cdot 49} = 0{,}123686$	$+0{,}008$
$\dfrac{11 \cdot 30}{13} = 25{,}384615$	$-0{,}606$	$\dfrac{47}{4 \cdot 95} = 0{,}123684$	$-0{,}008$

Näherungswerte für $\pi = 3{,}1415926536\ldots$	Fehler ⁰/₀₀	Näherungswerte für $\pi \cdot 1'' = \pi \cdot 25{,}4 = 79{,}796453$ mm	Fehler ⁰/₀₀
$\dfrac{22}{7} = 3{,}142857$	$+0{,}402$	$\dfrac{22 \cdot 127}{7 \cdot 5} = 79{,}828571$	$+0{,}402$
$\dfrac{32 \cdot 27}{25 \cdot 11} = 3{,}141818$	$+0{,}072$	$\dfrac{21 \cdot 19}{5} = 79{,}800000$	$+0{,}044$
$\dfrac{19 \cdot 21}{127} = 3{,}141732$	$+0{,}044$	$\dfrac{10 \cdot 17 \cdot 23}{7 \cdot 7} = 79{,}795918$	$-0{,}007$
$\dfrac{25 \cdot 47}{22 \cdot 17} = 3{,}141711$	$+0{,}038$	$\dfrac{128 \cdot 48}{7 \cdot 11} = 79{,}792208$	$-0{,}053$
$\dfrac{8 \cdot 97}{13 \cdot 19} = 3{,}141700$	$+0{,}034$	$\dfrac{30 \cdot 25 \cdot 5}{47} = 79{,}787234$	$-0{,}116$
$\dfrac{13 \cdot 29}{4 \cdot 30} = 3{,}141667$	$+0{,}024$	$\dfrac{22 \cdot 330}{7 \cdot 13} = 79{,}780220$	$-0{,}203$
$\dfrac{5 \cdot 71}{113} = 3{,}141593$	$+0{,}001$	$\dfrac{27 \cdot 65}{2 \cdot 11} = 79{,}772727$	$-0{,}297$

[1] Bei der Umrechnung von Zoll in Millimeter gilt für industrielle Messungen nach DIN 4890 die Beziehung $1'' = 25{,}4$ mm bei einer Temperatur von 20 °C

Probe: $P_W = \dfrac{\mathrm{TR}}{\mathrm{GR}} \cdot P_M = \dfrac{30 \cdot 65}{55 \cdot 67} \cdot 12 = 6{,}3501$ mm. Man erhält also die Steigung von $1/4'' = 6{,}35$ mm mit einem Fehler von $+0{,}016$⁰/₀₀. Nachteilig ist, daß ein Rad mit 67 Zähnen benötigt wird.

3. Lösung: Es wird mit dem Rechenschieber gearbeitet. Wird der rechte Endstrich der Zunge auf den Wert $\dfrac{\mathrm{TR}}{\mathrm{GR}} = 0{,}5291667$ (vgl. 2. Lösung) eingestellt, so liest man ab:

$$\frac{\mathrm{TR}}{\mathrm{GR}} = 0{,}5291667 \approx \frac{45}{85}.$$

Probe: $P_W = \dfrac{\mathrm{TR}}{\mathrm{GR}} \cdot P_M = \dfrac{45}{85} \cdot 12 = 0{,}5294118 \cdot 12; \quad P_W = 6{,}3529$ mm.

Man erhält also die Steigung von $1/4'' = 6{,}35$ mm mit einem Fehler von $+0{,}457$⁰/₀₀.

b) Es steht die irrationale Zahl π in der Räderformel.

Beispiel 9.

Gegeben: Maschinensteigung $P_M = 6$ mm, Werkstücksteigung $P_W = 1{,}75$ Modul.

Gesucht: Die Wechselräder.

Lösung: Es liegt Fall 4a der Tab. 9 vor. Demnach ist:

$$\frac{\text{TR}}{\text{GR}} = \frac{\pi \cdot P_W \text{ in Modul}}{P_M \text{ in mm}} = \frac{1{,}75 \cdot \pi}{6} = \frac{7 \cdot \pi}{24}\,.$$

Für π wird der aus Tab. 10 entnommene Näherungswert $\dfrac{32 \cdot 27}{25 \cdot 11}$ eingesetzt. Durch Kürzen und Erweitern erhält man:

$$\frac{\text{TR}}{\text{GR}} = \frac{7 \cdot \pi}{24} = \frac{7 \cdot 32 \cdot 27}{24 \cdot 25 \cdot 11} = \frac{7 \cdot 2 \cdot 2 \cdot 3 \cdot 3 \cdot 3}{3 \cdot 25 \cdot 11} = \frac{14 \cdot 18}{25 \cdot 11} = \frac{70 \cdot 90}{125 \cdot 55} = \frac{z_1 \cdot z_3}{z_2 \cdot z_4}\,.$$

Probe: $P_W = \dfrac{\text{TR}}{\text{GR}} \cdot P_M = \dfrac{70 \cdot 90}{125 \cdot 55} \cdot 6 = 5{,}4982$ mm.

Da 1,75 Modul $= 1{,}75 \cdot \pi = 5{,}4978$ mm ist, beträgt der Fehler $+0{,}072^0/_{00}$.

Beispiel 10.

Gegeben: Maschinensteigung $P_M = 6$ mm, Werkstücksteigung $P_W = 10$ Pitch.

Gesucht: Die Wechselräder.

Lösung: Es liegt Fall 5a der Tab. 9 vor. Demnach ist:

$$\frac{\text{TR}}{\text{GR}} = \frac{25{,}4 \cdot \pi}{P_W \text{ in Pitch} \cdot P_M \text{ in mm}} = \frac{25{,}4 \cdot \pi}{10 \cdot 6}\,.$$

Für $25{,}4\,\pi$ wird aus Tab. 10 der Näherungswert $\dfrac{10 \cdot 17 \cdot 23}{7 \cdot 7}$ eingesetzt. Durch Kürzen und Erweitern ergibt sich:

$$\frac{\text{TR}}{\text{GR}} = \frac{10 \cdot 17 \cdot 23}{10 \cdot 6 \cdot 7 \cdot 7} = \frac{17 \cdot 23}{14 \cdot 21} = \frac{85 \cdot 115}{70 \cdot 105} = \frac{z_1 \cdot z_3}{z_2 \cdot z_4}\,.$$

Probe: $P_W = \dfrac{\text{TR}}{\text{GR}} \cdot P_M = \dfrac{85 \cdot 115}{70 \cdot 105} \cdot 6 = 7{,}979592$ mm.

Die Steigung 10 Pitch $= \dfrac{\pi}{10}^{\prime\prime} \cdot 25{,}4 = 7{,}979645$ mm wird mit einem Fehler von $-0{,}007\ ^0/_{00}$ geschnitten.

c) Wechselräderberechnung für zu härtende Gewinde. Werkstücke, z. B. aus Werkzeugstahl, verziehen sich nach dem Härten. Als Ausgleich für diesen Verzug wählt man eine entsprechend abweichende Steigung, schneidet diese auf das Werkstück und erhält nach dem Härten die geforderte Steigung. Zur Berechnung der Wechselräder unter Berücksichtigung einer Steigungsänderung durch Schrumpfen wird die Gleichung

$$\frac{\text{TR}}{\text{GR}} = \left(1 + \frac{c}{1000}\right) \cdot \frac{P_W}{P_M} \tag{56}$$

benutzt, in der c die Steigungsänderung in mm auf 1000 mm Gewindelänge ist. In diesem Falle wird c positiv eingesetzt, da die zu schneidende Steigung größer angesetzt werden muß.

Beispiel 11.

Gegeben: Maschinensteigung $P_M = 6$ mm, Werkstücksteigung $P_W = 3{,}5$ mm. Werkstückstoff: Werkzeugstahl mit einer Schrumpfung von $c = 1{,}575^0/_{00}$ nach dem Härten.

Gesucht: Die Wechselräder.

1. Lösung: Nach Gl. (56) ist:

$$\frac{\text{TR}}{\text{GR}} = \left(1 + \frac{c}{1000}\right) \cdot \frac{P_W}{P_M} = \left(1 + \frac{1{,}575}{1000}\right) \cdot \frac{3{,}5}{6} = \frac{3{,}5055125}{6} = \frac{35\,055\,125}{60\,000\,000}\,.$$

Kürzen durch 25 ergibt: $\dfrac{\mathrm{TR}}{\mathrm{GR}} = \dfrac{280\,441}{480\,000} = 0{,}58425208$. Zur Bestimmung eines Näherungswertes soll hier als Veranschaulichung das Kettenbruchverfahren herangezogen werden. Es ist:

$$
\begin{array}{r}
480\,000 : 280\,441 = 1 \\
280\,441 \\ \hline
280\,441 : 199\,559 = 1 \\
199\,559 \\ \hline
199\,559 : 80\,882 = 2 \\
161\,764 \\ \hline
80\,882 : 37\,795 = 2 \\
75\,590 \\ \hline
37\,795 : 5\,292 = 7 \\
37\,044 \\ \hline
5\,292 : 751 = 7 \\
5\,257 \\ \hline
751 : 35 = 21 \\
735 \\ \hline
35 : 16 = 2 \\
32 \\ \hline
16 : 3 = 5 \\
15 \\ \hline
3 : 1 = 3 \\
3 \\ \hline
0
\end{array}
$$

Mit dem Rechenschema (vgl. S. 27 ff.) werden die Näherungswerte ermittelt:

		1	1	2	2	7	7	21	2	5	3
1	0	1	1	3	7	52	371	7843	16057	88128	280441
0	1	1	2	5	12	89	635	13424	27483	150839	480000

Als Näherungswert, der mit Hilfe der Faktorentafel (Tab. 6, S. 54) gut zerlegbar ist, wird gewählt: $\dfrac{\mathrm{TR}}{\mathrm{GR}} = \dfrac{371}{635} = \dfrac{7 \cdot 53}{5 \cdot 127} = \dfrac{70 \cdot 53}{50 \cdot 127} = 0{,}58425196$. Als Nachteil wird in Kauf genommen, daß ein Wechselrad mit 53 Zähnen angefertigt werden muß. Die aus dem Näherungswert ermittelten Wechselräder ergeben eine Steigung vor dem Härten von:

$$\left(1 + \frac{c}{1000}\right) \cdot P_W = \frac{\mathrm{TR}}{\mathrm{GR}} \cdot P_M = \frac{70 \cdot 53}{50 \cdot 127} \cdot 6 = 3{,}50551176 \text{ mm} .$$

Die Steigung nach dem Härten errechnet sich aus:

$$
\begin{array}{ll}
\text{Steigung vor dem Härten} & 3{,}50551176 \text{ mm} \\
\text{Schrumpfung } \dfrac{c}{1000} \cdot P_W & -0{,}00551250 \text{ mm} \\ \hline
\text{Steigung nach dem Härten} & 3{,}49999926 \text{ mm} .
\end{array}
$$

Dieses Ergebnis bekommt man auch, wenn man berücksichtigt, daß gilt:

$$P_W = \frac{\mathrm{TR}}{\mathrm{GR}} \cdot \frac{P_M}{1 + \dfrac{c}{1000}} = \frac{70 \cdot 53}{50 \cdot 127} \cdot \frac{6}{1{,}001575} = 3{,}49999926 \text{ mm}.$$

2. Lösung mit Wechselrädertabelle [2]: Es ist:

$$\frac{\mathrm{TR}}{\mathrm{GR}} = 0{,}58425208 \approx \frac{21 \cdot 35}{34 \cdot 37} = 0{,}584261$$

der nächstgelegene Tabellenwert. In diesem Fall sind zwei Räder nicht im Rädersatz enthalten und müssen angefertigt werden. Für die Steigung nach dem Härten bekommt man:

$$\text{Steigung vor dem Härten} \quad 3{,}50\,556\,438 \text{ mm}$$

$$\text{Schrumpfung} \ \frac{c}{1000} \cdot P_W \quad -0{,}00\,551\,250 \text{ mm}$$

$$\overline{\text{Steigung nach dem Härten} \quad 3{,}50\,005\,188 \text{ mm}} \ .$$

Der Fehler der zweiten Lösung ist größer als bei der ersten, was in der Praxis aber wohl kaum ins Gewicht fallen dürfte.

36. Fehlerbetrachtungen. Die Arbeitsgenauigkeit einer Werkzeugmaschine ist von statischen, kinematischen und dynamischen Einflüssen abhängig. Statische Einflüsse können sich auf die Maschine, das Werkzeug und das Werkstück erstrecken, wobei die am Werkstück meßbaren Fehler durch statische Nachgiebigkeit, durch Wärmedeformationen oder durch die Herstellgenauigkeit der Maschine hervorgerufen sein können.

Die Bedeutung von *Herstellfehlern* erkennt man leicht, wenn man sich klarmacht, wie groß der *Steigungsfehler* der Leitspindel einer Drehmaschine sein kann. Leitspindeln werden in drei verschiedenen Genauigkeitsgraden geliefert, von denen jedoch nur der Genauigkeitsgrad 3 in DIN 8605 genormt ist (Tab. 11).

Tabelle 11. *Steigungsgenauigkeit von Leitspindeln*

Genauigkeitsgrad	Steigungsfehler auf 300 mm Gewindelänge
3	0,03 mm (0,1 ‰)
2	0,02 mm (0,07‰)
1	0,01 mm (0,03‰)

Die in dieser Tabelle gemachten Angaben bedeuten, daß die Gesamtabweichung an zwei beliebigen, höchstens 300 mm voneinander entfernt liegenden Meßstellen maximal 0,03 mm, 0,02 mm oder 0,01 mm betragen darf. Dabei kann die Spindel an jeder Meßstelle länger oder kürzer sein als das Sollmaß, das durch Steigung und jeweils durchlaufene Gangzahl gegeben ist. Neben Steigungsfehlern der Leitspindel sind auch *Fehler in der Wechselräderübersetzung* möglich, denn oft können Wechselräder, wie gezeigt wurde, für ein gegebenes Steigungsverhältnis nur näherungsweise bestimmt werden.

Diese Fehler wirken sich auf die Steigung eines zu schneidenden Gewindes aus. Es ist daher nicht sinnvoll, die zulässigen Steigungsfehler zu klein anzusetzen. Als zulässige Fehlergrenze kann im Normalfall $\pm 0{,}2$ mm auf 1000 mm Gewindelänge (entsprechend $\pm 0{,}2$‰) angesehen werden. Kürzere Befestigungsgewinde lassen einen noch größeren Fehler von $\pm 0{,}5$ mm auf 1000 mm Gewindelänge (entsprechend $\pm 0{,}5$‰) zu. Für Leitspindeln, Meßspindeln (etwa Kugelrollspindeln) usw. sind diese Fehler allerdings zu groß.

Der Steigungsfehler auf 1000 mm Gewindelänge errechnet sich aus [vgl. Gl. (21)]:

$$F = \frac{P'_W - P_W}{P_W} \cdot 1000 \ ‰ \ . \tag{57}$$

In dieser Gleichung ist P'_W die am Werkstück wirklich vorhandene Steigung (Istwert), P_W bedeutet den theoretischen Wert der geforderten Steigung (Sollwert).

Abschließend sei noch darauf hingewiesen, daß bei Längenmessungen Werkstück und Meßzeug die in DIN 102 festgelegte Bezugstemperatur von 20 °C aufweisen müssen, wenn die Meßergebnisse vergleichbar sein sollen.

V. Beispiele zur Berechnung von Wechselrädern an anderen Werkzeugmaschinen

37. Einleitende Bemerkungen. Wechselräder finden sich nicht nur an Drehmaschinen, sondern auch an einer ganzen Reihe anderer Werkzeugmaschinen (z. B. Verzahnmaschinen, Gewindeschleifmaschinen usw.). Ihr umfangreiches Einsatzgebiet kann an dieser Stelle nur beispielsweise erläutert werden. Der weiter interessierte Leser muß auf die jeweils angegebene Literatur zurückgreifen. Die Methoden der Berechnung, die im Kapitel IV, A behandelt wurden, bleiben auch im folgenden je nach Zweckmäßigkeit anwendbar.

38. Wechselräder an Teilköpfen [19, 21]. a) Mittelbares Teilen mit Wechselrädern auf dem Einfachteilkopf. Beim mittelbaren Teilen werden Wechselräder zwischen Teilkurbel und Schneckenwelle aufgesteckt. Die Teilkurbel rastet für jede Teilung in dasselbe Loch ein. Es sind also nur volle Umdrehungen zugelassen. Durch ein- oder mehrmaliges Drehen der Teilkurbel führt das Werkstück eine der Teilung entsprechende Drehung aus (Bild 36).

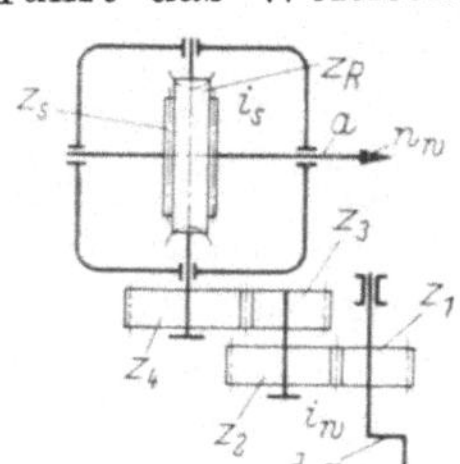

Die Formel für die Berechnung der Teilwechselräder läßt sich aus Gl. (20) unter Beachtung der Bezeichnungen in Bild 36 herleiten:

$$\frac{1}{i} = \frac{1}{i_w \cdot i_s} = \frac{n_w}{n_k}. \tag{58}$$

Bild 36. Teilkopfgetriebe für das mittelbare Teilen.

a Teilkopfspindel; d Teilkurbel; $i_s = z_R/z_S$ (innere) Übersetzung des Teilkopfes; i_w Wechselräderübersetzung; n_k Teilkurbelumdrehungen; n_w Werkstückumdrehungen.

In Gl. (58) bedeutet i_w die Wechselräderübersetzung, i_s die innere Übersetzung durch das Schneckengetriebe, n_k die Anzahl der vollen Teilkurbelumdrehungen und n_w die Umdrehungen des Werkstückes. Aus Gl. (58) folgt:

$$\frac{1}{i_w} = i_s \cdot \frac{n_w}{n_k}. \tag{59}$$

Wird anstelle der Teilkopfspindel- bzw. Werkstückdrehungen n_w die Anzahl der geforderten Teilungen T in Gl. (59) eingesetzt, dann ergibt sich schließlich die gesuchte Formel:

$$V = \frac{1}{i_w} = \frac{\mathrm{TR}}{\mathrm{GR}} = \frac{i_s}{n_k \cdot T}. \tag{60}$$

Die Wechselräder werden zunächst für $n_k = 1$ berechnet. Falls die ermittelten Räder nicht aufsteckbar oder nicht im Rädersatz vorhanden sind, muß die Rechnung mit $n_k = 2, 3, 4 \ldots$ wiederholt werden.

Beispiel 12.

Gegeben: Anzahl der am Werkstück herzustellenden Teilungen $T = 5$; Übersetzung des Schneckengetriebes im Teilkopf $i_s = 40$; Anzahl der Teilkurbelumdrehungen je Teilung $n_k = 1$.

Gesucht: Die Wechselräder.

Lösung: Mit Gl. (60) wird:

$$\frac{\mathrm{TR}}{\mathrm{GR}} = \frac{i_s}{n_k \cdot T} = \frac{40}{1 \cdot 5} = \frac{4 \cdot 2}{1 \cdot 1} = \frac{96 \cdot 80}{24 \cdot 40} = \frac{z_1 \cdot z_3}{z_2 \cdot z_4}.$$

Probe: Aus Gl. (60) folgt:

$$T = \frac{i_s}{n_k \cdot V} = \frac{40 \cdot 24 \cdot 40}{1 \cdot 96 \cdot 80} = 5.$$

b) Ausgleichs- oder Differentialteilen. Mit Hilfe dieses Verfahrens werden beliebige Teilungen möglich. Wie Bild 37 zeigt, wird die Teilscheibe über Wechselräder von der Teilkopfspindel aus angetrieben, wenn die Teilkurbel in Drehung versetzt wird. Unter Berücksichtigung von Gl. (1) ist abzulesen, daß das Verhältnis aus Teilkurbelumdrehung n_k und Umdrehung der Teilscheibe n_T gleich der Gesamtübersetzung $i = i_s \cdot i_w$ sein muß, wobei i_s die Übersetzung des Schneckengetriebes im Teilkopf und i_w die Wechselräderübersetzung ist. Mit n_w als Umdrehung der Teilkopfspindel gilt dann:

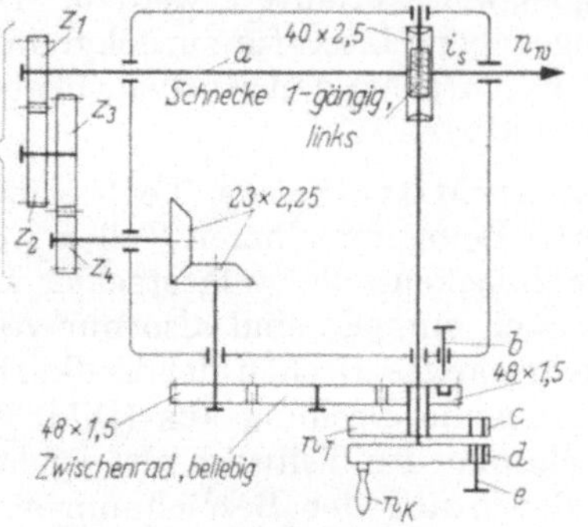

Z_1 Z_3 i_w Z_2 Z_4 a $40 \times 2,5$ Schnecke 1-gängig, links i_s n_w $23 \times 2,25$ b $48 \times 1,5$ $48 \times 1,5$ n_T Zwischenrad, beliebig c d n_K e

Bild 37. Teilkopfgetriebe für das Differentialteilen.

a Teilkopfspindel; *b* Feststellstift für die Teilscheibe (ausgerastet); *c* Teilscheibe; *d* Teilkurbel; *e* Index der Teilkurbel; i_s (innere) Übersetzung des Teilkopfes; i_w Wechselräderübersetzung; n_k Teilkurbelumdrehungen; n_T Teilscheibenumdrehungen; n_w Werkstückumdrehungen.

$$i_s = \frac{n_k}{n_w} \quad \text{und} \quad i_w = \frac{n_w}{n_T} \qquad (61)$$

und damit:

$$i = i_s \cdot i_w = \frac{n_k}{n_T}. \qquad (62)$$

Das Räderverhältnis ist also:

$$V = \frac{1}{i_w} = \frac{\mathrm{TR}}{\mathrm{GR}} = \frac{n_T}{n_k} \cdot i_s. \qquad (63)$$

Die Teilkurbeldrehung n_k setzt sich aus zwei Anteilen zusammen, einmal aus der Teilbewegung n_{k_1} bei feststehend gedachter Teilscheibe, die sich nach Wahl einer Hilfsteilzahl x zu

$$n_{k_1} = \frac{i_s}{x} \qquad (64)$$

ergibt, und zum anderen aus der Teilscheibendrehung n_T relativ zur Teilkurbel, die durch den Antrieb der Teilscheibe von der Teilkopfspindel über die Wechselräder hinzukommt:

$$n_T = n_w \cdot \frac{1}{i_w} = \frac{1}{T \cdot i_w}, \qquad (65)$$

da

$$n_w = \frac{1}{T}. \qquad (66)$$

Die Hilfsteilzahl x kann größer oder kleiner als die Teilzahl T gewählt werden, z. B. gleich einem vorhandenen Lochkreis. Mit den Gln. (64) und (65) erhält man für die gesamte bei einer Teilung erforderliche Teilkurbeldrehung:

$$n_k = n_{k_1} + n_T = \frac{i_s}{x} + \frac{1}{T \cdot i_w}. \qquad (67)$$

Nun werden die Gln. (65) und (67) in Gl. (63) eingesetzt:

$$V = \frac{1}{i_w} = \frac{\mathrm{TR}}{\mathrm{GR}} = i_s \cdot \frac{x - T}{x}. \qquad (68)$$

Mit Gl. (68) kann die Wechselräderberechnung durchgeführt werden. Dann ist mit Hilfe von Gl. (64) der Lochkreis [Nenner der Gl. (64)] und die Anzahl der Löcher [Zähler der Gl. (64)] zu bestimmen, um die die Teilkurbel weitergedreht werden muß.

Beispiel 13.

Gegeben: Es ist ein geradverzahntes Stirnrad mit $T = 51$ Zähnen herzustellen. Übersetzung des Schneckentriebes im Teilkopf $i_s = 40$.

Gesucht: Ausgleichswechselräder, Lochkreis, Teilkurbeldrehung je Teilung.

1. Lösung: Es wird eine Hilfsteilzahl von $x = 54$ ($x > T$) gewählt. Damit wird aus Gl. (68):

$$V = i_s \cdot \frac{x - T}{x} = 40 \cdot \frac{54 - 51}{54} = + \frac{120}{54}.$$ Das positive Vorzeichen dieses Ergebnisses

zeigt an, daß sich Teilkurbel und Teilscheibe gleichsinnig drehen müssen (Zwischenrad ?). Für die Wechselräder erhält man:

$$\frac{\text{TR}}{\text{GR}} = \frac{120}{54} = \frac{20}{9} = \frac{10 \cdot 2}{3 \cdot 3} = \frac{100 \cdot 60}{30 \cdot 90} = \frac{z_1 \cdot z_3}{z_2 \cdot z_4}.$$

Aus Gl. (64) ermittelt man für: $n_{k_1} = \dfrac{i_s}{x} = \dfrac{40}{54} = \dfrac{20}{27}$. Die Teilkurbel muß also je Teilung

um 20 Löcher eines Lochkreises mit 27 Löchern weitergedreht werden.

Probe: Aus Gl. (68) ergibt sich für die Teilung:

$$T = x - V \cdot \frac{x}{i_s} = 54 - \frac{100 \cdot 60}{30 \cdot 90} \cdot \frac{54}{40} = 54 - 3 = 51.$$

2. Lösung: Es werde nun $x < T$ gewählt, z. B. $x = 49$. Dann wird aus Gl. (68):

$$V = i_s \cdot \frac{x - T}{x} = 40 \cdot \frac{49 - 51}{49} = - \frac{80}{49}.$$

Das negative Vorzeichen dieses Ergebnisses weist darauf hin, daß sich Teilkurbel und Teilscheibe gegensinnig drehen müssen. Für die Wechselräder erhält man:

$$\frac{\text{TR}}{\text{GR}} = \frac{80}{49} = \frac{4 \cdot 20}{7 \cdot 7} = \frac{100 \cdot 40}{35 \cdot 70} = \frac{z_1 \cdot z_3}{z_2 \cdot z_4}.$$

Aus Gl. (64) ergeben sich wiederum Lochkreis und Teilkurbeldrehung je Teilung:

$$n_{k_1} = \frac{i_s}{x} = \frac{40}{49}.$$

Die Teilkurbel muß also je Teilung um 40 Löcher eines Lochkreises mit 49 Löchern weitergedreht werden.

Probe: Mit Gl. (68) wird für die erzeugte Teilung:

$$T = x - V \cdot \frac{x}{i_s} = 49 + \frac{100 \cdot 40}{35 \cdot 70} \cdot \frac{49}{40} = 49 + 2 = 51.$$

Die geforderte Teilung wird auch unter den geänderten Verhältnissen erreicht.

c) Beim Fräsen schraubenförmiger Nuten auf Universalfräsmaschinen wird die Teilkopfspindel und damit auch das Werkstück von der Gewindespindel des Frässchlittens (Tischspindel), die gleichzeitig den Vorschub erzeugt, über Wechselräder, weitere Zwischenräder (Anzahl je nach Links- oder Rechtssteigung der herzustellenden Nut), die Teilscheibe und den Teilstift angetrieben (Bild 38). Der Einstellwinkel β des Maschinentisches beträgt:

$$\tan \beta = \frac{d \cdot \pi}{P_W}, \qquad (69)$$

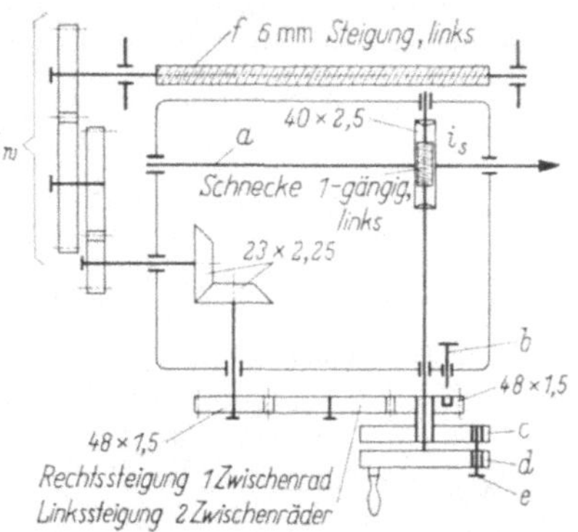

Bild 38. Teilkopfgetriebe für das Fräsen schraubenförmiger Nuten.

a Teilkopfspindel; *b* Feststellstift für die Teilscheibe (ausgerastet); *c* Teilscheibe; *d* Teilkurbel; *e* Index der Teilkurbel (eingerastet); *f* Tischspindel; i_s (innere) Übersetzung des Teilkopfes; i_w Wechselräderübersetzung.

wenn d der Werkstückdurchmesser und P_W die Steigung der zu schneidenden Schraubenlinie ist. Für den Steigungswinkel α der Schraubenlinie gilt:

$$\tan \alpha = \frac{P_W}{d \cdot \pi} \,. \tag{70}$$

Demnach ist die Steigung gegeben durch:

$$P_W = d \cdot \pi \cdot \tan \alpha \,. \tag{71}$$

Berücksichtigt man, daß der Antrieb der Teilkopfspindel von der Tischspindel erfolgt [im Unterschied zu den Verhältnissen beim Gewindeschneiden auf Drehmaschinen, wo die Leitspindel die getriebene Welle ist; vgl. Bild 32 und Gl. (20)], so kann für den Kehrwert der Übersetzung angesetzt werden:

$$\frac{1}{i} = \frac{1}{i_w \cdot i_s \cdot i_k} = \frac{P_T}{P_W} \,. \tag{72}$$

Die für die Berechnung der Wechselräder maßgebende Gleichung ergibt sich hieraus zu:

$$V = \frac{1}{i_w} = \frac{\mathrm{TR}}{\mathrm{GR}} = \frac{P_T}{P_W} \cdot i_s \cdot i_k. \tag{73}$$

In dieser Gleichung bedeutet P_T die Steigung der Tischspindel, P_W die Steigung der Schraubenlinie des Werkstückes, i_s die Übersetzung des Schneckentriebes im Teilkopf und i_k evtl. vorhandene weitere Übersetzungen.

Beispiel 14.

Gegeben: In ein zylindrisches Werkstück soll eine Schraubennut gefräst werden. Es ist: $d = 165$ mm; $P_T = 6$ mm; $i_s = 40$; $i_k = 1$; $\alpha = 53°37'$. Zulässige Abweichung des Steigungswinkels: $\Delta \alpha = \pm\, 20''$.

Gesucht: Die Wechselräder, der Tischeinstellwinkel β, am Werkstück erzeugte Steigung und Steigungswinkel.

Lösung: Nach Gl. (71) beträgt die Steigung der Schraubenlinie am Werkstück: $P_W = {} = d \cdot \pi \cdot \tan \alpha = 165 \cdot 3{,}14159 \cdot 1{,}3572 = 703{,}52138$ mm $\approx 703{,}52$ mm. Mit Gl. (73) errechnet sich für die Wechselräder:

$$V = \frac{\mathrm{TR}}{\mathrm{GR}} = \frac{P_T \cdot i_s \cdot i_k}{P_W} = \frac{6 \cdot 40 \cdot 1}{703{,}52} = 0{,}34114168 \approx 0{,}34114 \,.$$

Zur Bestimmung der Wechselräder wird das im Abschn. 25 besprochene Verfahren herangezogen. Aus Tab. 4, S. 20 (Dezimaläquivalente) folgt:

$$V = \frac{\mathrm{TR}}{\mathrm{GR}} = 0{,}34114 = \frac{34114}{100000} = \frac{15}{44} \cdot k \,. \tag{74}$$

Also ist:$\quad k = \frac{34114}{100000} \cdot \frac{44}{15} \,. \tag{75}$

Gl. (75) wird in Gl. (74) eingesetzt: $V = 0{,}34114 = \frac{15}{44} \cdot \frac{34114}{100000} \cdot \frac{44}{15} = \frac{15 \cdot 1501016}{44 \cdot 1500000} \,.$

Wird $Z = 1501016$ und $N = 1500000$ gesetzt und

$$Z' = \frac{Z}{Z - N} = \frac{1501016}{1016} = 1477{,}37795 \approx 1477{,}4 \,,$$

sowie

$$N' = \frac{N}{Z - N} = \frac{1500000}{1016} = 1476{,}37795 \approx 1476{,}4$$

errechnet, so ist:

$$V = \frac{\mathrm{TR}}{\mathrm{GR}} = 0{,}34114 \approx \frac{15}{44} \cdot \frac{Z'}{N'} = \frac{15 \cdot 1477{,}4}{44 \cdot 1476{,}4} = \frac{15 \cdot 14774}{44 \cdot 14764} \,.$$

Es wird gekürzt und zur Anwendung der Faktorentafel im Zähler und Nenner dieselbe kleine Zahl addiert:

$$V = \frac{TR}{GR} = 0{,}34114 \approx \frac{15}{44} \cdot \frac{7387\,(+5)}{7382\,(+5)} = \frac{15}{44} \cdot \frac{7392}{7387}\,.$$

Anwendung der Faktorentafel (Tab. 6, S. 54):

$$\frac{TR}{GR} = 0{,}34114 \approx \frac{15 \cdot 2 \cdot 3 \cdot 7 \cdot 11}{2 \cdot 11 \cdot 83 \cdot 89} = \frac{15 \cdot 8 \cdot 3 \cdot 7}{83 \cdot 89} = \frac{45 \cdot 56}{83 \cdot 89} = \frac{z_1 \cdot z_3}{z_2 \cdot z_4} = 0{,}3411398\,.$$

Ein Nachteil dieses Ergebnisses ist, daß einige Wechselräder angefertigt werden müssen. Der Einstellwinkel des Frässchlittens beträgt nach Gl. (69):

$$\tan\beta = \frac{d \cdot \pi}{P_W} = \frac{165 \cdot \pi}{703{,}52} = \frac{518{,}36235}{703{,}52} = 0{,}7368;$$

$$\beta = 36°23'\,.$$

Probe: Aus Gl. (73) folgt mit den ermittelten Wechselrädern für die wirklich am Werkstück erzeugte Steigung: $P'_W = \dfrac{P_T}{V} \cdot i_s \cdot i_k = \dfrac{6 \cdot 83 \cdot 89 \cdot 40 \cdot 1}{45 \cdot 56} = 703{,}52381\ \text{mm}\,.$

Der wirklich vorhandene Steigungswinkel beträgt:

$$\tan\alpha = \frac{P_T \cdot i_s \cdot i_k}{d \cdot V \cdot \pi} = \frac{6 \cdot 40 \cdot 1 \cdot 83 \cdot 89}{165 \cdot 45 \cdot 56 \cdot \pi} = 1{,}35720468;$$

$$\alpha = 53°\,37'\,8{,}5''\,.$$

Die Winkelabweichung liegt damit bei 8,5'', was laut Aufgabenstellung zulässig ist.

39. Wechselräder für Wälzverfahren. Das Werkstückprofil entsteht bei Wälzverfahren als Hüllkurve durch zwangsläufiges Aufeinanderabwälzen von Werkzeug und Werkstück [13, 21]. Das Werkzeug kann im Prinzip wie ein Stirnrad (Wälzstoßen), eine Zahnstange (Wälzhobeln) oder wie eine Schnecke (Wälzfräsen) ausgebildet sein. Es lassen sich unterschiedliche Profilformen erzeugen (z. B. für Zahnräder, Sperräder, Kettenräder oder Mehrkante). An Werkzeugmaschinen, die nach dem Wälzverfahren arbeiten, werden mehrere Gruppen von Wechselrädern verwendet. Je nach ihrem Anwendungsbereich werden sie als Vorschub-, Differential-, Teil-, Modulwechselräder usw. bezeichnet (vgl. Bild 28).

Der Aufbau und die Funktion von Werkzeugmaschinen, auf denen das Wälzverfahren angewandt wird [13], ist im folgenden weitgehend als bekannt vorausgesetzt worden. Auch auf die Ableitung der Rechenformeln für die Wechselräder wurde verzichtet.

a) Wälzfräsen von Schrägstirnrädern auf Maschinen mit Differentialgetriebe. An Wälzfräsmaschinen mit Differentialgetriebe (vgl. Bild 28), das vorteilhaft bei der Fertigung von Schrägstirnrädern eingesetzt wird, finden sich neben Differentialwechselrädern noch Teil- und Vorschubwechselräder. Durch die Wahl der Vorschubräderübersetzung läßt sich die Größe des Axialvorschubes von Werkstück oder Werkzeug in Richtung der Werkstückachse festlegen, während die Teilwechselräder dazu dienen, dem Werkstück eine von seiner Zähnezahl und der Gangzahl des Wälzfräsers abhängige Drehbewegung zu vermitteln. Durch das Differentialgetriebe mit den zugehörigen Wechselrädern erhält das Werkstück eine der Umfangsgeschwindigkeit des Rades überlagerte Zusatzbewegung. Die Addition dieser Zusatzbewegung und des axial gerichteten Vorschubes ergibt einen resultierenden Vorschub in Richtung der Zahnflankenschräge.

Vorschub- und Teilwechselräder werden nach einer Tabelle bestimmt. Ihre Berechnung ist nur in Sonderfällen erforderlich. Für die Bestimmung von

Differentialwechselrädern gilt die Formel [13, 21]:

$$V = \frac{C \cdot \sin \beta_0}{m_n \cdot z_F} \tag{76}$$

mit C als Maschinenkonstante, die die festen Übersetzungen in den Getriebezügen berücksichtigt, mit dem Schrägungswinkel β_0, mit dem Normalmodul m_n und der Fräserzähnezahl oder Gangzahl des Fräsers z_F.

Beispiel 15.

Gegeben: Es soll ein Schrägstirnrad auf einer Wälzfräsmaschine mit Differentialgetriebe hergestellt werden mit: $m_n = 5$ mm; $\beta_0 = 19°$; Radbreite $b = 50$ mm; $z_F = 1$; $C = 15/\pi$.

Gesucht: Die Differentialwechselräder, der Flankenrichtungsfehler (verursacht durch Näherungswerte für die Wechselräder).

1. Lösung: Mit Gl. (76) ergibt sich für: $V = \dfrac{C \cdot \sin \beta_0}{m_n \cdot z_F} = \dfrac{15 \cdot 0,3256}{\pi \cdot 5 \cdot 1} = 0,31092535$. Zur Bestimmung der Differentialwechselräder soll zunächst Tab. 4, S. 20 (Dezimaläquivalente) herangezogen werden: $V = 0,31092535 \approx \dfrac{14}{45} = 0,3111111$. Daraus wird durch Faktorenzerlegung und Erweitern: $\dfrac{\text{TR}}{\text{GR}} = \dfrac{2 \cdot 7}{5 \cdot 9} = \dfrac{20 \cdot 35}{50 \cdot 45} = \dfrac{z_1 \cdot z_3}{z_2 \cdot z_4}$. Der mit diesen Rädern am Werkstück erzeugte, wirkliche Schrägungswinkel berechnet sich aus:

$$\sin \beta_0' = \frac{V \cdot m_n \cdot z_F}{C} = \frac{20 \cdot 35 \cdot 5 \cdot 1 \cdot \pi}{50 \cdot 45 \cdot 15} = 0,32579451, \quad \text{daraus } \beta_0' = 19°0'\,58,4''.$$

Der Flankenrichtungsfehler erhält folgende Größe:

$$f = b \cdot (\tan \beta_0' - \tan \beta_0) = 50 \cdot 0,0003893 = 0,019465 \text{ mm} \approx 19,5 \text{ } \mu\text{m}.$$

2. Lösung mit der Wechselrädertabelle [2]: Es ist für $V = 0,31092535$ näherungsweise zu entnehmen: $\dfrac{\text{TR}}{\text{GR}} = \dfrac{40 \cdot 37}{68 \cdot 70} = \dfrac{z_1 \cdot z_3}{z_2 \cdot z_4} = 0,310\,924$.

Der wirkliche Schrägungswinkel am Zahnrad beträgt damit:

$$\sin \beta_0' = \frac{V \cdot m_n \cdot z_F}{C} = \frac{40 \cdot 37 \cdot 5 \cdot 1 \cdot \pi}{68 \cdot 70 \cdot 15} = 0,32559896 \quad \text{und} \quad \beta_0' = 18°\,59'\,59,8''.$$

Der Flankenrichtungsfehler ergibt sich zu:

$$f = b \cdot (\tan \beta_0' - \tan \beta_0) = 50 \cdot (-0,000001) = -0,00005 \text{ mm} \approx -0,05 \text{ } \mu\text{m}.$$

Dieser Fehler ist vernachlässigbar klein.

3. Lösung mit der Rechenmaschine: Zunächst ist zu bilden: $V = 0,31092535 = \dfrac{3109,2535}{100 \cdot 100}$ (vgl. Abschn. 28). Dann werden die Zahlenwerte nach folgender Tabelle bestimmt:

V	1. Faktor	V'	2. Faktor	V''	$V_{nä}$	$V_{nä} = \dfrac{z_1 \cdot z_3}{z_2 \cdot z_4}$
$\dfrac{3109,2535}{100 \cdot 100}$	0,7	$\dfrac{2176,47745}{70 \cdot 100}$	0,85	$\dfrac{1850,0058325}{70 \cdot 85}$	$\dfrac{1850}{70 \cdot 85}$	$\dfrac{50 \cdot 37}{70 \cdot 85}$
			0,68	$\dfrac{1480,0046660}{70 \cdot 68}$	$\dfrac{1480}{70 \cdot 68}$	$\dfrac{40 \cdot 37}{70 \cdot 68}$
			0,51	$\dfrac{1110,0034995}{70 \cdot 51}$	$\dfrac{1110}{70 \cdot 51}$	$\dfrac{30 \cdot 37}{70 \cdot 51}$

Wie sich ergibt, stimmen die gefundenen Näherungswerte mit dem Näherungswert aus der Wechselradtabelle (2. Lösung) überein, so daß das Ergebnis der Berechnung für den Flankenrichtungsfehler übernommen werden kann.

b) Wälzhobeln von schrägverzahnten Stirnrädern. Beim Wälzhobeln [13, 21] führt der auf einem Stößel befestigte Hobelmeißel die Schnittbewegung aus. Zur Herstellung schrägverzahnter Räder muß der Stößel um den Schrägungswinkel β_0 geschwenkt werden. Die Wälzbewegung übernimmt das Werkstück. Zu ihrer Erzeugung werden zwei Rädersätze verwendet und zwar Teilwechselräder für die Drehung des Werkstückes und Modulwechselräder für seine Verschiebung. Die Zähnezahlen der Modulwechselräder lassen sich aus der Formel

$$V = \frac{m_n}{C \cdot \cos\beta_0} \tag{77}$$

berechnen, in der m_n der Normalmodul, C die Maschinenkonstante und β_0 der Schrägungswinkel ist.

Beispiel 16.

Gegeben: Auf einer Wälzhobelmaschine soll ein Schrägstirnrad hergestellt werden mit: $m_n = 5$ mm, $\beta_0 = 21°15'$, $\alpha_{n0} = 20°$, $C = 4$. Zugelassener Normaleingriffsteilungsfehler (hierzu s. DIN 3960 bis 3962) $f_{en} = \pm 10$ μm.

Gesucht: Die Modulwechselräder.

Lösung: Zur Lösung sei hier das im Abschn. 27 beschriebene Verfahren benutzt. Nach Gl. (77) ist: $V = \dfrac{m_n}{C \cdot \cos\beta_0} = \dfrac{5}{4 \cdot 0{,}932} = 1{,}34120171$. Die Grenzen des Räderverhältnisses V, die bei vorgegebenem f_{en} nicht überschritten werden dürfen, sind gegeben durch:

$$V_1 = \frac{1}{C} \cdot \left(m_s + \frac{f_{en}}{\cos\alpha_{n0} \cdot \cos\beta_0 \cdot \pi} \right); \qquad V_1 = \frac{1}{4} \left(\frac{5}{0{,}932} - \frac{0{,}01}{0{,}9397 \cdot 0{,}932 \cdot \pi} \right).$$

Hierin ist der Stirnmodul $m_s = \dfrac{m_n}{\cos\beta_0}$. Nun wird: $V_1 = \dfrac{5{,}36117236}{4} = 1{,}34029309$.

Weiterhin bekommt man für: $V_1 = V - \Delta V = 1{,}34120171 - 0{,}00090862$. Ebenso errechnet sich für:

$$V_2 = \frac{1}{4} \left(\frac{5}{0{,}932} + \frac{0{,}01}{0{,}9397 \cdot 0{,}932 \cdot \pi} \right) = \frac{5{,}36844136}{4} = 1{,}34211034;$$

$V_2 = V + \Delta V = 1{,}34120171 + 0{,}00090862$. Als Näherungen für die Werte der Gl. (34) werden gewählt:

$$\frac{p_1}{q_1} = \frac{67}{51} = 1{,}31372549 < V_1; \qquad \frac{p_2}{q_2} = \frac{60}{44} = 1{,}36363636 > V_2.$$

Nach den Gln. (35) und (36) ist:

$$k_1 = \frac{p_2 - q_2\,V_1}{V_1 \cdot (q_1 + q_2) - (p_1 + p_2)} = \frac{60 - 44 \cdot 1{,}34029309}{1{,}34029309 \cdot 95 - 127} = 3{,}13290909;$$

$$k_2 = \frac{p_2 - q_2\,V_2}{V_2 \cdot (q_1 + q_2) - (p_1 + p_2)} = \frac{60 - 44 \cdot 1{,}34211034}{1{,}34211034 \cdot 95 - 127} = 1{,}89246460.$$

Unter Heranziehung der Gln. (37) und (38) wird nun die folgende Zahlentabelle aufgestellt:

n	$n\,k_1$	$n\,k_2$	m	p'	q'	$\dfrac{p'}{q'}$	$V = \dfrac{z_1 \cdot z_3}{z_2 \cdot z_4}$
1	3,1329	1,8925	2 3	314 441	234 329	1,34188034 1,34042553	$\dfrac{9 \cdot 49}{7 \cdot 47} = \dfrac{45 \cdot 49}{35 \cdot 47}$
2	6,2658	3,7849	5	755	563	1,34103019	—
3	9,3987	5,6774	7 8	1069 1196	797 892	1,34127979 1,34080717	— —
4	12,5316	7,5699	9 11	1383 1637	1031 1221	1,34141610 1,34070434	— —
5	15,6645	9,4623	11 12 13 14	1697 1824 1951 2078	1265 1360 1455 1550	1,34150197 1,34117647 1,34089347 1,34064516	$\dfrac{6 \cdot 19}{5 \cdot 17} = \dfrac{57 \cdot 30}{25 \cdot 51}$ — —

Probe: Wie groß ist der Normaleingriffsteilungsfehler, wenn $V = \dfrac{57 \cdot 30}{25 \cdot 51}$ für die Modulwechselräder gewählt wird? Man findet:

$$f_{en} = \left(C \, \frac{z_1 \cdot z_3}{z_2 \cdot z_4} - m_s \right) \pi \cdot \cos \beta_0 \cdot \cos \alpha_{n0};$$

$$f_{en} = (5{,}36470588 - 5{,}36480686) \cdot \pi \cdot 0{,}932 \cdot 0{,}9397;$$

$$f_{en} = -0{,}0002778 \text{ mm} \approx -0{,}28 \ \mu\text{m} \, .$$

Dieser Fehler liegt innerhalb der für f_{en} geforderten Grenzen von $\pm 10 \ \mu$m.

40. Wechselräder für Gewindefräsmaschinen. Auf Gewindefräsmaschinen muß der als Werkzeug dienende scheibenförmige Fräser zur Spanabnahme wie der Drehmeißel einer Drehmaschine beim Gewindeschneiden an dem zylindrischen Werkstück entlanggeführt werden. Der Vorschub des Werkzeuges wird über Wechselräder und Leitspindel so erzeugt, daß je Werkstückumdrehung die gewünschte Gewindesteigung erreicht wird. Der Frässpindelkopf ist beim Fräsen um den Steigungswinkel des Gewindes geschwenkt. Die Steigungswechselräder sind aus einer an der Maschine angebrachten Tabelle zu entnehmen. Für die in Sonderfällen erforderliche Berechnung von Wechselrädern steht die Gl. (44) zur Verfügung.

41. Abschließende Betrachtung. Weitere Beispiele für die Verwendung von Wechselrädern sind Gewindeschleifmaschinen, Hinterdrehmaschinen (Steigungs-, Nuten-, Drallwechselräder), Zahnflankenschleifmaschinen (Rollwechselräder), Kegelradwälzfräs- und -hobelmaschinen (Differentialwechselräder, Werkzeugkopfwechselräder). Die bei der Wechselräderberechnung jeweils anzuwendenden Formeln finden sich in den Bedienungsanleitungen solcher Maschinen oder in der Literatur [21]. Zum Ermitteln der Zähnezahlen stehen jedoch immer die Methoden der Wechselräderberechnung bereit, die im Kapitel IV. A näher erläutert wurden.

Schrifttum

[1] ATSCHERKAN, N.: Werkzeugmaschinen, Bd. 1, 3. Aufl., Berlin: VEB Verlag Technik 1958.

[2] BECHER, F., u. A. KÖRNER: Wechselrädertabellen, Kornwestheim bei Stuttgart: Buchverlag und Vertrieb F. Becher 1950.

[3] BÖTTGER, F.: Die Berechnung günstiger doppelt gebundener Dreiwellengetriebe. Industrie-Anzeiger 82 (1960) Nr. 10, S. 21···26.

[4] BUSCH, E.: Der Dreher als Rechner, Werkstattbuch Heft 63, 5. Aufl., Berlin/Göttingen/Heidelberg: Springer 1957.

[5] FINKELNBURG, H.: Wechselrädergetriebe. Werkstatt u. Betrieb 82 (1949) H. 3, S. 73···77.

[6] FRIEDRICH, G.: Eigenschaften elektrohydraulischer Vorschubantriebe im Bereich niedriger Drehzahlen. Industrie-Anzeiger 91 (1969) Nr. 7, S. 139.

[7] GERMAR, R.: Die Getriebe für Normdrehzahlen, Berlin: Springer 1932.

[8] HAMMER, G.: Gesteuerte und geregelte elektrische Antriebe. Die Maschine 15 (1961) H. 5, S. 27···29.

[9] HÜTTE: Hilfstafeln zur Ermittlung von Räderübersetzungen, Berlin: Ernst & Sohn 1965.

[10] HUSCHE, H.: Das Teilen mehrfacher Gewinde. Werkstatt u. Betrieb 83 (1950) H. 2, S. 48 u. 49.

[11] HUSS, G.: Windungsgetriebe, ihr Aufbau und ihre Aufbaunetze. Maschinenmarkt 74 (1968) Nr. 89, S. 1711.

[12] JAECKEL, K.: Bestimmung der Zähnezahlen in geometrisch gestuften Zahnradgetrieben. Industrie-Anzeiger 76 (1954) Nr. 45, S. 681.

[13] KECK, K.: Die Zahnradpraxis, Teil I u. II, München: R. Oldenbourg 1956 u. 1958.

[14] KORHAMMER, A.: Wechselräderberechnung für beliebige Genauigkeit. Die Maschine 15 (1961) H. 6, S. 37···39.

[15] KRUG, H.: Flüssigkeitsgetriebe bei Werkzeugmaschinen, 2. Aufl., Berlin/Göttingen/Heidelberg: Springer 1959.

[16] LEINWEBER, P.: Schnelles Berechnen ungewöhnlicher Wechselradübersetzungen. Werkstatt u. Betrieb 85 (1952) H. 3, S. 91···95.

[17] LICHTWITZ, O.: Wechselräder-Berechnung, München: C. Hanser 1955.

[18] OPITZ, H.: Untersuchungen von elektrischen Antrieben, Steuerungen und Regelungen an Werkzeugmaschinen. Forschungsbericht des Wirtschafts- und Verkehrsministeriums Nordrhein-Westfalen Nr. 100, Köln und Opladen: Westdeutscher Verlag 1955.

[19] POCKRANDT, W.: Teilkopfarbeiten, Werkstattbuch Heft 6, 4. Aufl., Berlin/Göttingen/Heidelberg: Springer 1949.

[20] PROKES, J.: Pneumatische Schrittmotoren. Ölhydraulik u. Pneumatik 10 (1966) H. 12 S. 439···443.

[21] RIEGEL, F.: Rechnen an spanenden Werkzeugmaschinen, 5. Aufl., Berlin/Göttingen/Heidelberg: Springer 1964.

[22] RÖGNITZ, H.: Abspanende Werkzeugmaschinen, Stuttgart: B. G. Teubner Verlagsgesellschaft 1961.

[23] RÖGNITZ, H.: Getriebe für Geradwege an Werzkeugmaschinen, Werkstattbuch Heft 101, 2. Aufl., Berlin/Göttingen/Heidelberg: Springer 1964.

[24] RÖGNITZ, H.: Stufengetriebe an Werkzeugmaschinen, Werkstattbuch Heft 55, 4. Aufl., Berlin/Heidelberg/New York: Springer 1965.

[25] ROHS, H.: Die Ruppertgetriebe. Industrie-Anzeiger 81 (1959) Nr. 2, S. 29···36.

[26] ROHS, H.: Stufengetriebe für Werkzeugmaschinen mit geringem Platzbedarf oder geringem Massenträgheitsmoment. Industrie-Anzeiger 81 (1959) Nr. 30, S. 17···22.

[27] ROHS, H.: Die Windungsgetriebe. Industrie-Anzeiger 82 (1960) Nr. 10, S. 26···28.

[28] SCHALLBROCH, H.: Vorlesungen über Werkzeugmaschinen WS 56/57 u. SS 57.

[29] SCHÖPKE, H.: Grundlagen der Konstruktion von Werkzeugmaschinen: Getriebe, 1. Aufl., Braunschweig: G. Westermann 1960.

[30] SCHRÖTER, G.: Berechnen von Wechselrädern, Braunschweig: G. Westermann 1965.

[31] SIMONIS, F.: Stufenlos verstellbare mechanische Getriebe, 2. Aufl., Berlin/Göttingen/Heidelberg: Springer 1959.

[32] STEPHAN, E.: Optimale Stufenrädergetriebe für Werkzeugmaschinen, Berlin/Göttingen/Heidelberg: Springer 1958.

[33] ZIMMER, H.-W.: Verzahnungen I — Stirnräder mit geraden und schrägen Zähnen' Werkstattbuch Heft 125, 6. Aufl., Berlin/Heidelberg/New York: Springer 1968.

Tabelle 6. *Faktorentafel 1 bis 10 000*

Weggelassen sind die Primzahlen und alle Zahlen, deren größter Faktor größer als 127 ist. Diejenigen Zahlen sind fettgedruckt, deren größter Faktor nicht größer als 23 ist, das sind solche, bei denen man mit normalen Wechselrädern auskommt.

4	2^2
6	$2 \cdot 3$
8	2^3
9	3^2
10	$2 \cdot 5$
12	$2^2 \cdot 3$
14	$2 \cdot 7$
15	$3 \cdot 5$
16	2^4
18	$2 \cdot 3^2$
20	$2^2 \cdot 5$
21	$3 \cdot 7$
22	$2 \cdot 11$
24	$2^3 \cdot 3$
25	5^2
26	$2 \cdot 13$
27	3^3
28	$2^2 \cdot 7$
30	$2 \cdot 3 \cdot 5$
32	2^5
33	$3 \cdot 11$
34	$2 \cdot 17$
35	$5 \cdot 7$
36	$2^2 \cdot 3^2$
38	$2 \cdot 19$
39	$3 \cdot 13$
40	$2^3 \cdot 5$
42	$2 \cdot 3 \cdot 7$
44	$2^2 \cdot 11$
45	$3^2 \cdot 5$
46	$2 \cdot 23$
48	$2^4 \cdot 3$
49	7^2
50	$2 \cdot 5^2$
51	$3 \cdot 17$
52	$2^2 \cdot 13$
54	$2 \cdot 3^3$
55	$5 \cdot 11$
56	$2^3 \cdot 7$
57	$3 \cdot 19$
58	$2 \cdot 29$
60	$2^2 \cdot 3 \cdot 5$
62	$2 \cdot 31$
63	$3^2 \cdot 7$
64	2^6
65	$5 \cdot 13$
66	$2 \cdot 3 \cdot 11$
68	$2^2 \cdot 17$
69	$3 \cdot 23$
70	$2 \cdot 5 \cdot 7$
72	$2^3 \cdot 3^2$
74	$2 \cdot 37$
75	$3 \cdot 5^2$
76	$2^2 \cdot 19$
77	$7 \cdot 11$
78	$2 \cdot 3 \cdot 13$
80	$2^4 \cdot 5$
81	3^4
82	$2 \cdot 41$
84	$2^2 \cdot 3 \cdot 7$
85	$5 \cdot 17$
86	$2 \cdot 43$
87	$3 \cdot 29$
88	$2^3 \cdot 11$
90	$2 \cdot 3^2 \cdot 5$
91	$7 \cdot 13$
92	$2^2 \cdot 23$
93	$3 \cdot 31$
94	$2 \cdot 47$
95	$5 \cdot 19$
96	$2^5 \cdot 3$
98	$2 \cdot 7^2$
99	$3^2 \cdot 11$

100

0	$2^2 \cdot 5^2$
2	$2 \cdot 3 \cdot 17$
4	$2^3 \cdot 13$
5	$3 \cdot 5 \cdot 7$
6	$2 \cdot 53$
8	$2^2 \cdot 3^3$
10	$2 \cdot 5 \cdot 11$
11	$3 \cdot 37$
12	$2^4 \cdot 7$
14	$2 \cdot 3 \cdot 19$
15	$5 \cdot 23$
16	$2^2 \cdot 29$
17	$3^2 \cdot 13$
18	$2 \cdot 59$
19	$7 \cdot 17$
20	$2^3 \cdot 3 \cdot 5$
21	11^2
22	$2 \cdot 61$
23	$3 \cdot 41$
24	$2^2 \cdot 31$
25	5^3
26	$2 \cdot 3^2 \cdot 7$
28	2^7
29	$3 \cdot 43$
30	$2 \cdot 5 \cdot 13$
32	$2^2 \cdot 3 \cdot 11$
33	$7 \cdot 19$
34	$2 \cdot 67$
35	$3^3 \cdot 5$
36	$2^3 \cdot 17$
38	$2 \cdot 3 \cdot 23$
40	$2^2 \cdot 5 \cdot 7$
41	$3 \cdot 47$
42	$2 \cdot 71$
43	$11 \cdot 13$
44	$2^4 \cdot 3^2$
45	$5 \cdot 29$
46	$2 \cdot 73$
47	$3 \cdot 7^2$
48	$2^2 \cdot 37$
50	$2 \cdot 3 \cdot 5^2$
52	$2^3 \cdot 19$
53	$3^2 \cdot 17$
54	$2 \cdot 7 \cdot 11$
55	$5 \cdot 31$
56	$2^2 \cdot 3 \cdot 13$
58	$2 \cdot 79$
59	$3 \cdot 53$
60	$2^5 \cdot 5$
61	$7 \cdot 23$
62	$2 \cdot 3^4$
64	$2^2 \cdot 41$
65	$3 \cdot 5 \cdot 11$
66	$2 \cdot 83$
68	$2^3 \cdot 3 \cdot 7$
69	13^2
70	$2 \cdot 5 \cdot 17$
71	$3^2 \cdot 19$
72	$2^2 \cdot 43$
74	$2 \cdot 3 \cdot 29$
75	$5^2 \cdot 7$
76	$2^4 \cdot 11$
77	$3 \cdot 59$
78	$2 \cdot 89$
80	$2^2 \cdot 3^2 \cdot 5$
82	$2 \cdot 7 \cdot 13$
83	$3 \cdot 61$
84	$2^3 \cdot 23$
85	$5 \cdot 37$
86	$2 \cdot 3 \cdot 31$
87	$11 \cdot 17$
88	$2^2 \cdot 47$
89	$3^3 \cdot 7$

100 (Fortsetzung)

90	$2 \cdot 5 \cdot 19$
92	$2^6 \cdot 3$
94	$2 \cdot 97$
95	$3 \cdot 5 \cdot 13$
96	$2^2 \cdot 7^2$
98	$2 \cdot 3^2 \cdot 11$

200

0	$2^3 \cdot 5^2$
1	$3 \cdot 67$
2	$2 \cdot 101$
3	$7 \cdot 29$
4	$2^2 \cdot 3 \cdot 17$
5	$5 \cdot 41$
6	$2 \cdot 103$
7	$3^2 \cdot 23$
8	$2^4 \cdot 13$
9	$11 \cdot 19$
10	$2 \cdot 3 \cdot 5 \cdot 7$
12	$2^2 \cdot 53$
13	$3 \cdot 71$
14	$2 \cdot 107$
15	$5 \cdot 43$
16	$2^3 \cdot 3^3$
17	$7 \cdot 31$
18	$2 \cdot 109$
19	$3 \cdot 73$
20	$2^2 \cdot 5 \cdot 11$
21	$13 \cdot 17$
22	$2 \cdot 3 \cdot 37$
24	$2^5 \cdot 7$
25	$3^2 \cdot 5^2$
26	$2 \cdot 113$
28	$2^2 \cdot 3 \cdot 19$
30	$2 \cdot 5 \cdot 23$
31	$3 \cdot 7 \cdot 11$
32	$2^3 \cdot 29$
34	$2 \cdot 3^2 \cdot 13$
35	$5 \cdot 47$
36	$2^2 \cdot 59$
37	$3 \cdot 79$
38	$2 \cdot 7 \cdot 17$
40	$2^4 \cdot 3 \cdot 5$
42	$2 \cdot 11^2$
43	3^5
44	$2^2 \cdot 61$
45	$5 \cdot 7^2$
46	$2 \cdot 3 \cdot 41$
47	$13 \cdot 19$
48	$2^3 \cdot 31$
49	$3 \cdot 83$
50	$2 \cdot 5^3$
52	$2^2 \cdot 3^2 \cdot 7$
53	$11 \cdot 23$
54	$2 \cdot 127$
55	$3 \cdot 5 \cdot 17$
56	2^8
58	$2 \cdot 3 \cdot 43$
59	$7 \cdot 37$
60	$2^2 \cdot 5 \cdot 13$
61	$3^2 \cdot 29$
64	$2^3 \cdot 3 \cdot 11$
65	$5 \cdot 53$
66	$2 \cdot 7 \cdot 19$
67	$3 \cdot 89$
68	$2^2 \cdot 67$
70	$2 \cdot 3^3 \cdot 5$
72	$2^4 \cdot 17$
73	$3 \cdot 7 \cdot 13$
75	$5^2 \cdot 11$
76	$2^2 \cdot 3 \cdot 23$

200 (Fortsetzung)

79	$3^2 \cdot 31$
80	$2^3 \cdot 5 \cdot 7$
82	$2 \cdot 3 \cdot 47$
84	$2^2 \cdot 71$
85	$3 \cdot 5 \cdot 19$
86	$2 \cdot 11 \cdot 13$
87	$7 \cdot 41$
88	$2^5 \cdot 3^2$
89	17^2
90	$2 \cdot 5 \cdot 29$
91	$3 \cdot 97$
92	$2^2 \cdot 73$
94	$2 \cdot 3 \cdot 7^2$
95	$5 \cdot 59$
96	$2^3 \cdot 37$
97	$3^3 \cdot 11$
99	$13 \cdot 23$

300

0	$2^2 \cdot 3 \cdot 5^2$
1	$7 \cdot 43$
3	$3 \cdot 101$
4	$2^4 \cdot 19$
5	$5 \cdot 61$
6	$2 \cdot 3^2 \cdot 17$
8	$2^2 \cdot 7 \cdot 11$
9	$3 \cdot 103$
10	$2 \cdot 5 \cdot 31$
12	$2^3 \cdot 3 \cdot 13$
15	$3^2 \cdot 5 \cdot 7$
16	$2^2 \cdot 79$
18	$2 \cdot 3 \cdot 53$
19	$11 \cdot 29$
20	$2^6 \cdot 5$
21	$3 \cdot 107$
22	$2 \cdot 7 \cdot 23$
23	$17 \cdot 19$
24	$2^2 \cdot 3^4$
25	$5^2 \cdot 13$
27	$3 \cdot 109$
28	$2^3 \cdot 41$
29	$7 \cdot 47$
30	$2 \cdot 3 \cdot 5 \cdot 11$
32	$2^2 \cdot 83$
33	$3^2 \cdot 37$
35	$5 \cdot 67$
36	$2^4 \cdot 3 \cdot 7$
38	$2 \cdot 13^2$
39	$3 \cdot 113$
40	$2^2 \cdot 5 \cdot 17$
41	$11 \cdot 31$
42	$2 \cdot 3^2 \cdot 19$
43	7^3
44	$2^3 \cdot 43$
45	$3 \cdot 5 \cdot 23$
48	$2^2 \cdot 3 \cdot 29$
50	$2 \cdot 5^2 \cdot 7$
51	$3^3 \cdot 13$
52	$2^5 \cdot 11$
54	$2 \cdot 3 \cdot 59$
55	$5 \cdot 71$
56	$2^2 \cdot 89$
57	$3 \cdot 7 \cdot 17$
60	$2^3 \cdot 3^2 \cdot 5$
61	19^2
63	$3 \cdot 11^2$
64	$2^2 \cdot 7 \cdot 13$
65	$5 \cdot 73$
66	$2 \cdot 3 \cdot 61$
68	$2^4 \cdot 23$
69	$3^2 \cdot 41$
70	$2 \cdot 5 \cdot 37$

300 (Fortsetzung)

71	$7 \cdot 53$
72	$2^2 \cdot 3 \cdot 31$
74	$2 \cdot 11 \cdot 17$
75	$3 \cdot 5^3$
76	$2^3 \cdot 47$
77	$13 \cdot 29$
78	$2 \cdot 3^3 \cdot 7$
80	$2^2 \cdot 5 \cdot 19$
81	$3 \cdot 127$
84	$2^7 \cdot 3$
85	$5 \cdot 7 \cdot 11$
87	$3^2 \cdot 43$
88	$2^2 \cdot 97$
90	$2 \cdot 3 \cdot 5 \cdot 13$
91	$17 \cdot 23$
92	$2^3 \cdot 7^2$
95	$5 \cdot 79$
96	$2^2 \cdot 3^2 \cdot 11$
99	$3 \cdot 7 \cdot 19$

400

0	$2^4 \cdot 5^2$
2	$2 \cdot 3 \cdot 67$
3	$13 \cdot 31$
4	$2^2 \cdot 101$
5	$3^4 \cdot 5$
6	$2 \cdot 7 \cdot 29$
7	$11 \cdot 37$
8	$2^3 \cdot 3 \cdot 17$
10	$2 \cdot 5 \cdot 41$
12	$2^2 \cdot 103$
13	$7 \cdot 59$
14	$2 \cdot 3^2 \cdot 23$
15	$5 \cdot 83$
16	$2^5 \cdot 13$
18	$2 \cdot 11 \cdot 19$
20	$2^2 \cdot 3 \cdot 5 \cdot 7$
23	$3^2 \cdot 47$
24	$2^3 \cdot 53$
25	$5^2 \cdot 17$
26	$2 \cdot 3 \cdot 71$
27	$7 \cdot 61$
28	$2^2 \cdot 107$
29	$3 \cdot 11 \cdot 13$
30	$2 \cdot 5 \cdot 43$
32	$2^4 \cdot 3^3$
34	$2 \cdot 7 \cdot 31$
35	$3 \cdot 5 \cdot 29$
36	$2^2 \cdot 109$
37	$19 \cdot 23$
38	$2 \cdot 3 \cdot 73$
40	$2^3 \cdot 5 \cdot 11$
41	$3^2 \cdot 7^2$
42	$2 \cdot 13 \cdot 17$
44	$2^2 \cdot 3 \cdot 37$
45	$5 \cdot 89$
48	$2^6 \cdot 7$
50	$2 \cdot 3^2 \cdot 5^2$
51	$11 \cdot 41$
52	$2^2 \cdot 113$
55	$5 \cdot 7 \cdot 13$
56	$2^3 \cdot 3 \cdot 19$
59	$3^3 \cdot 17$
60	$2^2 \cdot 5 \cdot 23$
62	$2 \cdot 3 \cdot 7 \cdot 11$
64	$2^4 \cdot 29$
65	$3 \cdot 5 \cdot 31$
68	$2^2 \cdot 3^2 \cdot 13$
69	$7 \cdot 67$
70	$2 \cdot 5 \cdot 47$
72	$2^3 \cdot 59$
73	$11 \cdot 43$

400

74	$2 \cdot 3 \cdot 79$
75	$5^2 \cdot 19$
76	$2^2 \cdot 7 \cdot 17$
77	$3^2 \cdot 53$
80	$2^5 \cdot 3 \cdot 5$
81	$13 \cdot 37$
83	$3 \cdot 7 \cdot 23$
84	$2^2 \cdot 11^2$
85	$5 \cdot 97$
86	$2 \cdot 3^5$
88	$2^3 \cdot 61$
90	$2 \cdot 5 \cdot 7^2$
92	$2^2 \cdot 3 \cdot 41$
93	$17 \cdot 29$
94	$2 \cdot 13 \cdot 19$
95	$3^2 \cdot 5 \cdot 11$
96	$2^4 \cdot 31$
97	$7 \cdot 71$
98	$2 \cdot 3 \cdot 83$

500

0	$2^2 \cdot 5^3$
4	$2^3 \cdot 3^2 \cdot 7$
5	$5 \cdot 101$
6	$2 \cdot 11 \cdot 23$
7	$3 \cdot 13^2$
8	$2^2 \cdot 127$
10	$2 \cdot 3 \cdot 5 \cdot 17$
11	$7 \cdot 73$
12	2^9
13	$3^3 \cdot 19$
15	$5 \cdot 103$
16	$2^2 \cdot 3 \cdot 43$
17	$11 \cdot 47$
18	$2 \cdot 7 \cdot 37$
20	$2^3 \cdot 5 \cdot 13$
22	$2 \cdot 3^2 \cdot 29$
25	$3 \cdot 5^2 \cdot 7$
27	$17 \cdot 31$
28	$2^4 \cdot 3 \cdot 11$
29	23^2
30	$2 \cdot 5 \cdot 53$
31	$3^2 \cdot 59$
32	$2^2 \cdot 7 \cdot 19$
33	$13 \cdot 41$
34	$2 \cdot 3 \cdot 89$
35	$5 \cdot 107$
36	$2^3 \cdot 67$
39	$7^2 \cdot 11$
40	$2^2 \cdot 3^3 \cdot 5$
44	$2^5 \cdot 17$
45	$5 \cdot 109$
46	$2 \cdot 3 \cdot 7 \cdot 13$
49	$3^2 \cdot 61$
50	$2 \cdot 5^2 \cdot 11$
51	$19 \cdot 29$
52	$2^3 \cdot 3 \cdot 23$
53	$7 \cdot 79$
55	$3 \cdot 5 \cdot 37$
58	$2 \cdot 3^2 \cdot 31$
59	$13 \cdot 43$
60	$2^4 \cdot 5 \cdot 7$
61	$3 \cdot 11 \cdot 17$
64	$2^2 \cdot 3 \cdot 47$
65	$5 \cdot 113$
67	$3^4 \cdot 7$
68	$2^3 \cdot 71$
70	$2 \cdot 3 \cdot 5 \cdot 19$
72	$2^2 \cdot 11 \cdot 13$
74	$2 \cdot 7 \cdot 41$
75	$5^2 \cdot 23$
76	$2^6 \cdot 3^2$
78	$2 \cdot 17^2$
80	$2^2 \cdot 5 \cdot 29$
81	$7 \cdot 83$
82	$2 \cdot 3 \cdot 97$
83	$11 \cdot 53$
84	$2^3 \cdot 73$
85	$3^2 \cdot 5 \cdot 13$
88	$2^2 \cdot 3 \cdot 7^2$
89	$19 \cdot 31$
90	$2 \cdot 5 \cdot 59$
92	$2^4 \cdot 37$
94	$2 \cdot 3^3 \cdot 11$
95	$5 \cdot 7 \cdot 17$
98	$2 \cdot 13 \cdot 23$

600

0	$2^3 \cdot 3 \cdot 5^2$
2	$2 \cdot 7 \cdot 43$
3	$3^2 \cdot 67$
5	$5 \cdot 11^2$
6	$2 \cdot 3 \cdot 101$
8	$2^5 \cdot 19$
9	$3 \cdot 7 \cdot 29$
10	$2 \cdot 5 \cdot 61$
11	$13 \cdot 47$
12	$2^2 \cdot 3^2 \cdot 17$
15	$3 \cdot 5 \cdot 41$
16	$2^3 \cdot 7 \cdot 11$
18	$2 \cdot 3 \cdot 103$
20	$2^2 \cdot 5 \cdot 31$
21	$3^3 \cdot 23$
23	$7 \cdot 89$
24	$2^4 \cdot 3 \cdot 13$
25	5^4
27	$3 \cdot 11 \cdot 19$
29	$17 \cdot 37$
30	$2 \cdot 3^2 \cdot 5 \cdot 7$
32	$2^3 \cdot 79$
35	$5 \cdot 127$
36	$2^2 \cdot 3 \cdot 53$
37	$7^2 \cdot 13$
38	$2 \cdot 11 \cdot 29$
39	$3^2 \cdot 71$
40	$2^7 \cdot 5$
42	$2 \cdot 3 \cdot 107$
44	$2^2 \cdot 7 \cdot 23$
45	$3 \cdot 5 \cdot 43$
46	$2 \cdot 17 \cdot 19$
48	$2^3 \cdot 3^4$
49	$11 \cdot 59$
50	$2 \cdot 5^2 \cdot 13$
51	$3 \cdot 7 \cdot 31$
54	$2 \cdot 3 \cdot 109$
56	$2^4 \cdot 41$
57	$3^2 \cdot 73$
58	$2 \cdot 7 \cdot 47$
60	$2^2 \cdot 3 \cdot 5 \cdot 11$
63	$3 \cdot 13 \cdot 17$
64	$2^3 \cdot 83$
65	$5 \cdot 7 \cdot 19$
66	$2 \cdot 3^2 \cdot 37$
67	$23 \cdot 29$
70	$2 \cdot 5 \cdot 67$
71	$11 \cdot 61$
72	$2^5 \cdot 3 \cdot 7$
75	$3^3 \cdot 5^2$
76	$2^2 \cdot 13^2$
78	$2 \cdot 3 \cdot 113$
79	$7 \cdot 97$
80	$2^3 \cdot 5 \cdot 17$
82	$2 \cdot 11 \cdot 31$
84	$2^2 \cdot 3^2 \cdot 19$
86	$2 \cdot 7^3$
88	$2^4 \cdot 43$
89	$13 \cdot 53$
90	$2 \cdot 3 \cdot 5 \cdot 23$
93	$3^2 \cdot 7 \cdot 11$
96	$2^3 \cdot 3 \cdot 29$
97	$17 \cdot 41$

700

0	$2^2 \cdot 5^2 \cdot 7$
2	$2 \cdot 3^3 \cdot 13$
3	$19 \cdot 37$
4	$2^6 \cdot 11$
5	$3 \cdot 5 \cdot 47$
7	$7 \cdot 101$
8	$2^2 \cdot 3 \cdot 59$
10	$2 \cdot 5 \cdot 71$
11	$3^2 \cdot 79$
12	$2^3 \cdot 89$
13	$23 \cdot 31$
14	$2 \cdot 3 \cdot 7 \cdot 17$
15	$5 \cdot 11 \cdot 13$
20	$2^4 \cdot 3^2 \cdot 5$
21	$7 \cdot 103$
22	$2 \cdot 19^2$
25	$5^2 \cdot 29$
26	$2 \cdot 3 \cdot 11^2$
28	$2^3 \cdot 7 \cdot 13$
29	3^6
30	$2 \cdot 5 \cdot 73$
31	$17 \cdot 43$
32	$2^2 \cdot 3 \cdot 61$
35	$3 \cdot 5 \cdot 7^2$
36	$2^5 \cdot 23$
37	$11 \cdot 67$
38	$2 \cdot 3^2 \cdot 41$
40	$2^2 \cdot 5 \cdot 37$
41	$3 \cdot 13 \cdot 19$
42	$2 \cdot 7 \cdot 53$
44	$2^3 \cdot 3 \cdot 31$
47	$3^2 \cdot 83$
48	$2^2 \cdot 11 \cdot 17$
49	$7 \cdot 107$
50	$2 \cdot 3 \cdot 5^3$
52	$2^4 \cdot 47$
54	$2 \cdot 13 \cdot 29$
56	$2^2 \cdot 3^3 \cdot 7$
59	$3 \cdot 11 \cdot 23$
60	$2^3 \cdot 5 \cdot 19$
62	$2 \cdot 3 \cdot 127$
63	$7 \cdot 109$
65	$3^2 \cdot 5 \cdot 17$
67	$13 \cdot 59$
68	$2^8 \cdot 3$
70	$2 \cdot 5 \cdot 7 \cdot 11$
74	$2 \cdot 3^2 \cdot 43$
75	$5^2 \cdot 31$
76	$2^3 \cdot 97$
77	$3 \cdot 7 \cdot 37$
79	$19 \cdot 41$
80	$2^2 \cdot 3 \cdot 5 \cdot 13$
81	$11 \cdot 71$
82	$2 \cdot 17 \cdot 23$
83	$3^3 \cdot 29$
84	$2^4 \cdot 7^2$
90	$2 \cdot 5 \cdot 79$
91	$7 \cdot 113$
92	$2^3 \cdot 3^2 \cdot 11$
93	$13 \cdot 61$
95	$3 \cdot 5 \cdot 53$
98	$2 \cdot 3 \cdot 7 \cdot 19$
99	$17 \cdot 47$

800

0	$2^5 \cdot 5^2$
1	$3^2 \cdot 89$
3	$11 \cdot 73$
4	$2^2 \cdot 3 \cdot 67$
5	$5 \cdot 7 \cdot 23$
6	$2 \cdot 13 \cdot 31$
8	$2^3 \cdot 101$
10	$2 \cdot 3^4 \cdot 5$
12	$2^2 \cdot 7 \cdot 29$
14	$2 \cdot 11 \cdot 37$
16	$2^4 \cdot 3 \cdot 17$
17	$19 \cdot 43$
19	$3^2 \cdot 7 \cdot 13$
20	$2^2 \cdot 5 \cdot 41$
24	$2^3 \cdot 103$
25	$3 \cdot 5^2 \cdot 11$
26	$2 \cdot 7 \cdot 59$
28	$2^2 \cdot 3^2 \cdot 23$
30	$2 \cdot 5 \cdot 83$
32	$2^6 \cdot 13$
33	$7^2 \cdot 17$
36	$2^2 \cdot 11 \cdot 19$
37	$3^3 \cdot 31$
40	$2^3 \cdot 3 \cdot 5 \cdot 7$
41	29^2
45	$5 \cdot 13^2$
46	$2 \cdot 3^2 \cdot 47$
47	$7 \cdot 11^2$
48	$2^4 \cdot 53$
50	$2 \cdot 5^2 \cdot 17$
51	$23 \cdot 37$
52	$2^2 \cdot 3 \cdot 71$
54	$2 \cdot 7 \cdot 61$
55	$3^2 \cdot 5 \cdot 19$
56	$2^3 \cdot 107$
58	$2 \cdot 3 \cdot 11 \cdot 13$
60	$2^2 \cdot 5 \cdot 43$
61	$3 \cdot 7 \cdot 41$
64	$2^5 \cdot 3^3$
67	$3 \cdot 17^2$
68	$2^2 \cdot 7 \cdot 31$
69	$11 \cdot 79$
70	$2 \cdot 3 \cdot 5 \cdot 29$
71	$13 \cdot 67$
72	$2^3 \cdot 109$
73	$3^2 \cdot 97$
74	$2 \cdot 19 \cdot 23$
75	$5^3 \cdot 7$
76	$2^2 \cdot 3 \cdot 73$
80	$2^4 \cdot 5 \cdot 11$
82	$2 \cdot 3^2 \cdot 7^2$
84	$2^2 \cdot 13 \cdot 17$
85	$3 \cdot 5 \cdot 59$
88	$2^3 \cdot 3 \cdot 37$
89	$7 \cdot 127$
90	$2 \cdot 5 \cdot 89$
91	$3^4 \cdot 11$
93	$19 \cdot 47$
96	$2^7 \cdot 7$
97	$3 \cdot 13 \cdot 23$
99	$29 \cdot 31$

900

0	$2^2 \cdot 3^2 \cdot 5^2$
1	$17 \cdot 53$
2	$2 \cdot 11 \cdot 41$
3	$3 \cdot 7 \cdot 43$
4	$2^3 \cdot 113$
9	$3^2 \cdot 101$
10	$2 \cdot 5 \cdot 7 \cdot 13$
12	$2^4 \cdot 3 \cdot 19$
13	$11 \cdot 83$
15	$3 \cdot 5 \cdot 61$
18	$2 \cdot 3^3 \cdot 17$
20	$2^3 \cdot 5 \cdot 23$
23	$13 \cdot 71$
24	$2^2 \cdot 3 \cdot 7 \cdot 11$
25	$5^2 \cdot 37$
27	$3^2 \cdot 103$
28	$2^5 \cdot 29$
30	$2 \cdot 3 \cdot 5 \cdot 31$
31	$7^2 \cdot 19$
35	$5 \cdot 11 \cdot 17$
36	$2^3 \cdot 3^2 \cdot 13$
38	$2 \cdot 7 \cdot 67$
40	$2^2 \cdot 5 \cdot 47$
43	$23 \cdot 41$
44	$2^4 \cdot 59$
45	$3^3 \cdot 5 \cdot 7$
46	$2 \cdot 11 \cdot 43$
48	$2^2 \cdot 3 \cdot 79$
49	$13 \cdot 73$
50	$2 \cdot 5^2 \cdot 19$
52	$2^3 \cdot 7 \cdot 17$
54	$2 \cdot 3^2 \cdot 53$
57	$3 \cdot 11 \cdot 29$
60	$2^6 \cdot 3 \cdot 5$
61	31^2
62	$2 \cdot 13 \cdot 37$
63	$3^2 \cdot 107$
66	$2 \cdot 3 \cdot 7 \cdot 23$
68	$2^3 \cdot 11^2$
69	$3 \cdot 17 \cdot 19$
70	$2 \cdot 5 \cdot 97$
72	$2^2 \cdot 3^5$
75	$3 \cdot 5^2 \cdot 13$
76	$2^4 \cdot 61$
79	$11 \cdot 89$
80	$2^2 \cdot 5 \cdot 7^2$
81	$3^2 \cdot 109$
84	$2^3 \cdot 3 \cdot 41$
86	$2 \cdot 17 \cdot 29$
87	$3 \cdot 7 \cdot 47$
88	$2^2 \cdot 13 \cdot 19$
89	$23 \cdot 43$
90	$2 \cdot 3^2 \cdot 5 \cdot 11$
92	$2^5 \cdot 31$
94	$2 \cdot 7 \cdot 71$
96	$2^2 \cdot 3 \cdot 83$
99	$3^3 \cdot 37$

1000

0	$2^3 \cdot 5^3$
1	$7 \cdot 11 \cdot 13$
3	$17 \cdot 59$
5	$3 \cdot 5 \cdot 67$
7	$19 \cdot 53$
8	$2^4 \cdot 3^2 \cdot 7$
10	$2 \cdot 5 \cdot 101$
12	$2^2 \cdot 11 \cdot 23$
14	$2 \cdot 3 \cdot 13^2$
15	$5 \cdot 7 \cdot 29$
16	$2^3 \cdot 127$
17	$3^2 \cdot 113$
20	$2^2 \cdot 3 \cdot 5 \cdot 17$
22	$2 \cdot 7 \cdot 73$
23	$3 \cdot 11 \cdot 31$
24	2^{10}
25	$5^2 \cdot 41$
26	$2 \cdot 3^3 \cdot 19$
27	$13 \cdot 79$
29	$3 \cdot 7^3$
30	$2 \cdot 5 \cdot 103$
32	$2^3 \cdot 3 \cdot 43$
34	$2 \cdot 11 \cdot 47$
35	$3^2 \cdot 5 \cdot 23$
36	$2 \cdot 7 \cdot 37$
37	$17 \cdot 61$
40	$2^4 \cdot 5 \cdot 13$
44	$2^2 \cdot 3^2 \cdot 29$
45	$5 \cdot 11 \cdot 19$
50	$2 \cdot 3 \cdot 5^2 \cdot 7$
53	$3^4 \cdot 13$
54	$2 \cdot 17 \cdot 31$
56	$2^5 \cdot 3 \cdot 11$
58	$2 \cdot 23^2$
60	$2^2 \cdot 5 \cdot 53$
62	$2 \cdot 3^2 \cdot 59$
64	$2^3 \cdot 7 \cdot 19$
65	$3 \cdot 5 \cdot 71$
66	$2 \cdot 13 \cdot 41$
67	$11 \cdot 97$
68	$2^2 \cdot 3 \cdot 89$
70	$2 \cdot 5 \cdot 107$
71	$3^2 \cdot 7 \cdot 17$
72	$2^4 \cdot 67$
73	$29 \cdot 37$
75	$5^2 \cdot 43$
78	$2 \cdot 7^2 \cdot 11$
79	$13 \cdot 83$
80	$2^3 \cdot 3^3 \cdot 5$
81	$23 \cdot 47$
83	$3 \cdot 19^2$
85	$5 \cdot 7 \cdot 31$
88	$2^6 \cdot 17$
89	$3^2 \cdot 11^2$
90	$2 \cdot 5 \cdot 109$
92	$2^2 \cdot 3 \cdot 7 \cdot 13$
95	$3 \cdot 5 \cdot 73$
98	$2 \cdot 3^2 \cdot 61$

1100

n	
0	$2^2 \cdot 5^2 \cdot 11$
2	$2 \cdot 19 \cdot 29$
4	$2^4 \cdot 3 \cdot 23$
5	$5 \cdot 13 \cdot 17$
6	$2 \cdot 7 \cdot 79$
7	$3^2 \cdot 41$
10	$2 \cdot 3 \cdot 5 \cdot 37$
11	$11 \cdot 101$
13	$3 \cdot 7 \cdot 53$
16	$2^2 \cdot 3^2 \cdot 31$
18	$2 \cdot 13 \cdot 43$
20	$2^5 \cdot 5 \cdot 7$
21	$19 \cdot 59$
22	$2 \cdot 3 \cdot 11 \cdot 17$
25	$3^2 \cdot 5^3$
27	$7^2 \cdot 23$
28	$2^3 \cdot 3 \cdot 47$
30	$2 \cdot 5 \cdot 113$
31	$3 \cdot 13 \cdot 29$
33	$11 \cdot 103$
34	$2 \cdot 3^4 \cdot 7$
36	$2^4 \cdot 71$
39	$17 \cdot 67$
40	$2^2 \cdot 3 \cdot 5 \cdot 19$
43	$3^2 \cdot 127$
44	$2^3 \cdot 11 \cdot 13$
47	$31 \cdot 37$
48	$2^2 \cdot 7 \cdot 41$
50	$2 \cdot 5^2 \cdot 23$
52	$2^7 \cdot 3^2$
55	$3 \cdot 5 \cdot 7 \cdot 11$
56	$2^2 \cdot 17^2$
57	$13 \cdot 89$
59	$19 \cdot 61$
60	$2^3 \cdot 5 \cdot 29$
61	$3^3 \cdot 43$
62	$2 \cdot 7 \cdot 83$
64	$2^2 \cdot 3 \cdot 97$
66	$2 \cdot 11 \cdot 53$
68	$2^4 \cdot 73$
70	$2 \cdot 3^2 \cdot 5 \cdot 13$
73	$3 \cdot 17 \cdot 23$
75	$5^2 \cdot 47$
76	$2^3 \cdot 3 \cdot 7^2$
77	$11 \cdot 107$
78	$2 \cdot 19 \cdot 31$
80	$2^2 \cdot 5 \cdot 59$
83	$7 \cdot 13^2$
84	$2^5 \cdot 37$
85	$3 \cdot 5 \cdot 79$
88	$2^2 \cdot 3^3 \cdot 11$
89	$29 \cdot 41$
90	$2 \cdot 5 \cdot 7 \cdot 17$
96	$2^2 \cdot 13 \cdot 23$
97	$3^2 \cdot 7 \cdot 19$
99	$11 \cdot 109$

1200

n	
0	$2^4 \cdot 3 \cdot 5^2$
4	$2^2 \cdot 7 \cdot 43$
6	$2 \cdot 3^2 \cdot 67$
7	$17 \cdot 71$
9	$3 \cdot 13 \cdot 31$
10	$2 \cdot 5 \cdot 11^2$
12	$2^2 \cdot 3 \cdot 101$
15	$3^5 \cdot 5$
16	$2^6 \cdot 19$
18	$2 \cdot 3 \cdot 7 \cdot 29$
19	$23 \cdot 53$
20	$2^2 \cdot 5 \cdot 61$
21	$3 \cdot 11 \cdot 37$
22	$2 \cdot 13 \cdot 47$
24	$2^3 \cdot 3^2 \cdot 17$
25	$5^2 \cdot 7^2$
30	$2 \cdot 3 \cdot 5 \cdot 41$
32	$2^4 \cdot 7 \cdot 11$
35	$5 \cdot 13 \cdot 19$
36	$2^2 \cdot 3 \cdot 103$
39	$3 \cdot 7 \cdot 59$
40	$2^3 \cdot 5 \cdot 31$
41	$17 \cdot 73$
42	$2 \cdot 3^3 \cdot 23$
43	$11 \cdot 113$
45	$3 \cdot 5 \cdot 83$
46	$2 \cdot 7 \cdot 89$
47	$29 \cdot 43$
48	$2^5 \cdot 3 \cdot 13$
50	$2 \cdot 5^4$
54	$2 \cdot 3 \cdot 11 \cdot 19$
58	$2 \cdot 17 \cdot 37$
60	$2^2 \cdot 3^2 \cdot 5 \cdot 7$
61	$13 \cdot 97$
64	$2^4 \cdot 79$
65	$5 \cdot 11 \cdot 23$
69	$3^3 \cdot 47$
70	$2 \cdot 5 \cdot 127$
71	$31 \cdot 41$
72	$2^3 \cdot 3 \cdot 53$
73	$19 \cdot 67$
74	$2 \cdot 7^2 \cdot 13$
75	$3 \cdot 5^2 \cdot 17$
76	$2^2 \cdot 11 \cdot 29$
78	$2 \cdot 3^2 \cdot 71$
80	$2^8 \cdot 5$
81	$3 \cdot 7 \cdot 61$
84	$2^2 \cdot 3 \cdot 107$
87	$3^2 \cdot 11 \cdot 13$
88	$2^3 \cdot 7 \cdot 23$
90	$2 \cdot 3 \cdot 5 \cdot 43$
92	$2^2 \cdot 17 \cdot 19$
95	$5 \cdot 7 \cdot 37$
96	$2^4 \cdot 3^4$
98	$2 \cdot 11 \cdot 59$

1300

n	
0	$2^2 \cdot 5^2 \cdot 13$
2	$2 \cdot 3 \cdot 7 \cdot 31$
5	$3^2 \cdot 5 \cdot 29$
8	$2^2 \cdot 3 \cdot 109$
9	$7 \cdot 11 \cdot 17$
11	$3 \cdot 19 \cdot 23$
12	$2^5 \cdot 41$
13	$13 \cdot 101$
14	$2 \cdot 3^2 \cdot 73$
16	$2^2 \cdot 7 \cdot 47$
20	$2^3 \cdot 3 \cdot 5 \cdot 11$
23	$3^3 \cdot 7^2$
25	$5^2 \cdot 53$
26	$2 \cdot 3 \cdot 13 \cdot 17$
28	$2^4 \cdot 83$
30	$2 \cdot 5 \cdot 7 \cdot 19$
31	11^3
32	$2^2 \cdot 3^2 \cdot 37$
33	$31 \cdot 43$
34	$2 \cdot 23 \cdot 29$
35	$3 \cdot 5 \cdot 89$
39	$13 \cdot 103$
40	$2^2 \cdot 5 \cdot 67$
42	$2 \cdot 11 \cdot 61$
43	$17 \cdot 79$
44	$2^6 \cdot 3 \cdot 7$
49	$19 \cdot 71$
50	$2 \cdot 3^3 \cdot 5^2$
52	$2^3 \cdot 13^2$
53	$3 \cdot 11 \cdot 41$
56	$2^2 \cdot 3 \cdot 113$
57	$23 \cdot 59$
58	$2 \cdot 7 \cdot 97$
60	$2^4 \cdot 5 \cdot 17$
63	$29 \cdot 47$
64	$2^2 \cdot 11 \cdot 31$
65	$3 \cdot 5 \cdot 7 \cdot 13$
68	$2^3 \cdot 3^2 \cdot 19$
69	37^2
72	$2^2 \cdot 7^3$
75	$5^3 \cdot 11$
76	$2^5 \cdot 43$
77	$3^4 \cdot 17$
78	$2 \cdot 13 \cdot 53$
80	$2^2 \cdot 3 \cdot 5 \cdot 23$
86	$2 \cdot 3^2 \cdot 7 \cdot 11$
87	$19 \cdot 73$
91	$13 \cdot 107$
92	$2^4 \cdot 3 \cdot 29$
94	$2 \cdot 17 \cdot 41$
95	$3^2 \cdot 5 \cdot 31$
97	$11 \cdot 127$

1400

n	
0	$2^3 \cdot 5^2 \cdot 7$
3	$23 \cdot 61$
4	$2^2 \cdot 3^3 \cdot 13$
6	$2 \cdot 19 \cdot 37$
7	$3 \cdot 7 \cdot 67$
8	$2^7 \cdot 11$
10	$2 \cdot 3 \cdot 5 \cdot 47$
11	$17 \cdot 83$
14	$2 \cdot 7 \cdot 101$
16	$2^3 \cdot 3 \cdot 59$
17	$13 \cdot 109$
19	$3 \cdot 11 \cdot 43$
20	$2^2 \cdot 5 \cdot 71$
21	$7^2 \cdot 29$
22	$2 \cdot 3^2 \cdot 79$
24	$2^4 \cdot 89$
25	$3 \cdot 5^2 \cdot 19$
26	$2 \cdot 23 \cdot 31$
28	$2^2 \cdot 3 \cdot 7 \cdot 17$
30	$2 \cdot 5 \cdot 11 \cdot 13$
31	$3^3 \cdot 53$
35	$5 \cdot 7 \cdot 41$
40	$2^5 \cdot 3^2 \cdot 5$
42	$2 \cdot 7 \cdot 103$
43	$3 \cdot 13 \cdot 37$
44	$2^2 \cdot 19^2$
45	$5 \cdot 17^2$
49	$3^2 \cdot 7 \cdot 23$
50	$2 \cdot 5^2 \cdot 29$
52	$2^2 \cdot 3 \cdot 11^2$
55	$3 \cdot 5 \cdot 97$
56	$2^4 \cdot 7 \cdot 13$
57	$31 \cdot 47$
58	$2 \cdot 3^6$
60	$2^2 \cdot 5 \cdot 73$
62	$2 \cdot 17 \cdot 43$
63	$7 \cdot 11 \cdot 19$
64	$2^3 \cdot 3 \cdot 61$
69	$13 \cdot 113$
70	$2 \cdot 3 \cdot 5 \cdot 7^2$
72	$2^6 \cdot 23$
74	$2 \cdot 11 \cdot 67$
75	$5^2 \cdot 59$
76	$2^2 \cdot 3^2 \cdot 41$
79	$3 \cdot 17 \cdot 29$
80	$2^3 \cdot 5 \cdot 37$
82	$2 \cdot 3 \cdot 13 \cdot 19$
84	$2^2 \cdot 7 \cdot 53$
85	$3^3 \cdot 5 \cdot 11$
88	$2^4 \cdot 3 \cdot 31$
91	$3 \cdot 7 \cdot 71$
94	$2 \cdot 3^2 \cdot 83$
95	$5 \cdot 13 \cdot 23$
96	$2^3 \cdot 11 \cdot 17$
98	$2 \cdot 7 \cdot 107$

1500

n	
0	$2^2 \cdot 3 \cdot 5^3$
1	$19 \cdot 79$
4	$2^5 \cdot 47$
5	$5 \cdot 7 \cdot 43$
8	$2^2 \cdot 13 \cdot 29$
12	$2^3 \cdot 3^3 \cdot 7$
13	$17 \cdot 89$
15	$3 \cdot 5 \cdot 101$
17	$37 \cdot 41$
18	$2 \cdot 3 \cdot 11 \cdot 23$
19	$7^2 \cdot 31$
20	$2^4 \cdot 5 \cdot 19$
21	$3^2 \cdot 13^2$
24	$2^2 \cdot 3 \cdot 127$
25	$5^2 \cdot 61$
26	$2 \cdot 7 \cdot 109$
30	$2 \cdot 3^2 \cdot 5 \cdot 17$
33	$3 \cdot 7 \cdot 73$
34	$2 \cdot 13 \cdot 59$
36	$2^9 \cdot 3$
37	$29 \cdot 53$
39	$3^4 \cdot 19$
40	$2^2 \cdot 5 \cdot 7 \cdot 11$
41	$23 \cdot 67$
45	$3 \cdot 5 \cdot 103$
47	$7 \cdot 13 \cdot 17$
48	$2^2 \cdot 3^2 \cdot 43$
50	$2 \cdot 5^2 \cdot 31$
51	$3 \cdot 11 \cdot 47$
52	$2^4 \cdot 97$
54	$2 \cdot 3 \cdot 7 \cdot 37$
58	$2 \cdot 19 \cdot 41$
60	$2^3 \cdot 3 \cdot 5 \cdot 13$
62	$2 \cdot 11 \cdot 71$
64	$2^2 \cdot 17 \cdot 23$
66	$2 \cdot 3^3 \cdot 29$
68	$2^5 \cdot 7^2$
73	$11^2 \cdot 13$
75	$3^2 \cdot 5^2 \cdot 7$
77	$19 \cdot 83$
80	$2^2 \cdot 5 \cdot 79$
81	$3 \cdot 17 \cdot 31$
82	$2 \cdot 7 \cdot 113$
84	$2^4 \cdot 3^2 \cdot 11$
86	$2 \cdot 13 \cdot 61$
87	$3 \cdot 23^2$
90	$2 \cdot 3 \cdot 5 \cdot 53$
91	$37 \cdot 43$
93	$3^3 \cdot 59$
95	$5 \cdot 11 \cdot 29$
96	$2^2 \cdot 3 \cdot 7 \cdot 19$
98	$2 \cdot 17 \cdot 47$
99	$3 \cdot 13 \cdot 41$

1600

n	
0	$2^6 \cdot 5^2$
2	$2 \cdot 3^2 \cdot 89$
5	$3 \cdot 5 \cdot 107$
6	$2 \cdot 11 \cdot 73$
8	$2^3 \cdot 3 \cdot 67$
10	$2 \cdot 5 \cdot 7 \cdot 23$
12	$2^2 \cdot 13 \cdot 31$
15	$5 \cdot 17 \cdot 19$
16	$2^4 \cdot 101$
17	$3 \cdot 7^2 \cdot 11$
20	$2^2 \cdot 3^4 \cdot 5$
24	$2^3 \cdot 7 \cdot 29$
25	$5^3 \cdot 13$
28	$2^2 \cdot 11 \cdot 37$
32	$2^5 \cdot 3 \cdot 17$
33	$23 \cdot 71$
34	$2 \cdot 19 \cdot 43$
35	$3 \cdot 5 \cdot 109$
38	$2 \cdot 3^2 \cdot 7 \cdot 13$
40	$2^3 \cdot 5 \cdot 41$
43	$31 \cdot 53$
45	$5 \cdot 7 \cdot 47$
47	$3^3 \cdot 61$
48	$2^4 \cdot 103$
49	$17 \cdot 97$
50	$2 \cdot 3 \cdot 5^2 \cdot 11$
51	$13 \cdot 127$
52	$2^2 \cdot 7 \cdot 59$
53	$3 \cdot 19 \cdot 29$
56	$2^3 \cdot 3^2 \cdot 23$
59	$3 \cdot 7 \cdot 79$
60	$2^2 \cdot 5 \cdot 83$
64	$2^7 \cdot 13$
65	$3^2 \cdot 5 \cdot 37$
66	$2 \cdot 7^2 \cdot 17$
72	$2^3 \cdot 11 \cdot 19$
74	$2 \cdot 3^3 \cdot 31$
75	$5^2 \cdot 67$
77	$3 \cdot 13 \cdot 43$
79	$23 \cdot 73$
80	$2^4 \cdot 3 \cdot 5 \cdot 7$
81	41^2
82	$2 \cdot 29^2$
83	$3^2 \cdot 11 \cdot 17$
90	$2 \cdot 5 \cdot 13^2$
91	$19 \cdot 89$
92	$2^2 \cdot 3^2 \cdot 47$
94	$2 \cdot 7 \cdot 11^2$
95	$3 \cdot 5 \cdot 113$
96	$2^5 \cdot 53$

1700

n	
0	$2^2 \cdot 5^2 \cdot 17$
1	$3^5 \cdot 7$
2	$2 \cdot 23 \cdot 37$
4	$2^3 \cdot 3 \cdot 71$
5	$5 \cdot 11 \cdot 31$
8	$2^2 \cdot 7 \cdot 61$
10	$2 \cdot 3^2 \cdot 5 \cdot 19$
11	$29 \cdot 59$
12	$2^4 \cdot 107$
15	$5 \cdot 7^3$
16	$2^2 \cdot 3 \cdot 11 \cdot 13$
17	$17 \cdot 101$
20	$2^3 \cdot 5 \cdot 43$
22	$2 \cdot 3 \cdot 7 \cdot 41$
25	$3 \cdot 5^2 \cdot 23$
28	$2^6 \cdot 3^3$
29	$7 \cdot 13 \cdot 19$
34	$2 \cdot 3 \cdot 17^2$
36	$2^3 \cdot 7 \cdot 31$
38	$2 \cdot 11 \cdot 79$
39	$37 \cdot 47$
40	$2^2 \cdot 3 \cdot 5 \cdot 29$
42	$2 \cdot 13 \cdot 67$
43	$3 \cdot 7 \cdot 83$
44	$2^4 \cdot 109$
46	$2 \cdot 3^2 \cdot 97$
48	$2^2 \cdot 19 \cdot 23$
49	$3 \cdot 11 \cdot 53$
50	$2 \cdot 5^3 \cdot 7$
51	$17 \cdot 103$
52	$2^3 \cdot 3 \cdot 73$
55	$3^3 \cdot 5 \cdot 13$
60	$2^5 \cdot 5 \cdot 11$
63	$41 \cdot 43$
64	$2^2 \cdot 3^2 \cdot 7^2$
67	$3 \cdot 19 \cdot 31$
68	$2^3 \cdot 13 \cdot 17$
69	$29 \cdot 61$
70	$2 \cdot 3 \cdot 5 \cdot 59$
71	$7 \cdot 11 \cdot 23$
75	$5^2 \cdot 71$
76	$2^4 \cdot 3 \cdot 37$
78	$2 \cdot 7 \cdot 127$
80	$2^2 \cdot 5 \cdot 89$
82	$2 \cdot 3^4 \cdot 11$
85	$3 \cdot 5 \cdot 7 \cdot 17$
86	$2 \cdot 19 \cdot 47$
92	$2^8 \cdot 7$
94	$2 \cdot 3 \cdot 13 \cdot 23$
98	$2 \cdot 29 \cdot 31$

1800

n	
0	$2^3 \cdot 3^2 \cdot 5^2$
2	$2 \cdot 17 \cdot 53$
4	$2^2 \cdot 11 \cdot 41$
5	$5 \cdot 19^2$
6	$2 \cdot 3 \cdot 7 \cdot 43$
8	$2^4 \cdot 113$
9	$3^3 \cdot 67$
13	$7^2 \cdot 37$
15	$3 \cdot 5 \cdot 11^2$
17	$23 \cdot 79$
18	$2 \cdot 3^2 \cdot 101$
19	$17 \cdot 107$
20	$2^2 \cdot 5 \cdot 7 \cdot 13$

1800

24	$2^5 \cdot 3 \cdot 19$
25	$5^2 \cdot 73$
26	$2 \cdot 11 \cdot 83$
27	$3^2 \cdot 7 \cdot 29$
29	$31 \cdot 59$
30	$2 \cdot 3 \cdot 5 \cdot 61$
33	$3 \cdot 13 \cdot 47$
36	$2^2 \cdot 3^3 \cdot 17$
40	$2^4 \cdot 5 \cdot 23$
43	$19 \cdot 97$
45	$3^2 \cdot 5 \cdot 41$
46	$2 \cdot 13 \cdot 71$
48	$2^3 \cdot 3 \cdot 7 \cdot 11$
49	43^2
50	$2 \cdot 5^2 \cdot 37$
53	$17 \cdot 109$
54	$2 \cdot 3^2 \cdot 103$
55	$5 \cdot 7 \cdot 53$
56	$2^6 \cdot 29$
59	$11 \cdot 13^2$
60	$2^2 \cdot 3 \cdot 5 \cdot 31$
62	$2 \cdot 7^2 \cdot 19$
63	$3^4 \cdot 23$
69	$3 \cdot 7 \cdot 89$
70	$2 \cdot 5 \cdot 11 \cdot 17$
72	$2^4 \cdot 3^2 \cdot 13$
75	$3 \cdot 5^4$
76	$2^2 \cdot 7 \cdot 67$
80	$2^3 \cdot 5 \cdot 47$
81	$3^2 \cdot 11 \cdot 19$
85	$5 \cdot 13 \cdot 29$
86	$2 \cdot 23 \cdot 41$
87	$3 \cdot 17 \cdot 37$
88	$2^5 \cdot 59$
90	$2 \cdot 3^3 \cdot 5 \cdot 7$
91	$31 \cdot 61$
92	$2^2 \cdot 11 \cdot 43$
96	$2^3 \cdot 3 \cdot 79$
98	$2 \cdot 13 \cdot 73$

1900

0	$2^2 \cdot 5^2 \cdot 19$
4	$2^4 \cdot 7 \cdot 17$
5	$3 \cdot 5 \cdot 127$
8	$2^2 \cdot 3^2 \cdot 53$
9	$23 \cdot 83$
11	$3 \cdot 7^2 \cdot 13$
14	$2 \cdot 3 \cdot 11 \cdot 29$
17	$3^3 \cdot 71$
19	$19 \cdot 101$
20	$2^7 \cdot 3 \cdot 5$
21	$17 \cdot 113$
22	$2 \cdot 31^2$
24	$2^2 \cdot 13 \cdot 37$
25	$5^2 \cdot 7 \cdot 11$
26	$2 \cdot 3^2 \cdot 107$
27	$41 \cdot 47$
32	$2^2 \cdot 3 \cdot 7 \cdot 23$
35	$3^2 \cdot 5 \cdot 43$
36	$2^4 \cdot 11^2$
38	$2 \cdot 3 \cdot 17 \cdot 19$
40	$2^3 \cdot 5 \cdot 97$
43	$29 \cdot 67$
44	$2^3 \cdot 3^5$
47	$3 \cdot 11 \cdot 59$
50	$2 \cdot 3 \cdot 5^2 \cdot 13$
52	$2^5 \cdot 61$
53	$3^2 \cdot 7 \cdot 31$
55	$5 \cdot 17 \cdot 23$
57	$19 \cdot 103$
58	$2 \cdot 11 \cdot 89$
60	$2^3 \cdot 5 \cdot 7^2$
61	$37 \cdot 53$
62	$2 \cdot 3^2 \cdot 109$
68	$2^4 \cdot 3 \cdot 41$
71	$3^3 \cdot 73$
72	$2^2 \cdot 17 \cdot 29$
74	$2 \cdot 3 \cdot 7 \cdot 47$
75	$5^2 \cdot 79$
76	$2^3 \cdot 13 \cdot 19$
78	$2 \cdot 23 \cdot 43$
80	$2^2 \cdot 3^2 \cdot 5 \cdot 11$
84	$2^6 \cdot 31$
88	$2^2 \cdot 7 \cdot 71$
89	$3^2 \cdot 13 \cdot 17$
92	$2^3 \cdot 3 \cdot 83$
95	$3 \cdot 5 \cdot 7 \cdot 19$
98	$2 \cdot 3^3 \cdot 37$

2000

0	$2^4 \cdot 5^3$
1	$3 \cdot 23 \cdot 29$
2	$2 \cdot 7 \cdot 11 \cdot 13$
6	$2 \cdot 17 \cdot 59$
9	$7^2 \cdot 41$
10	$2 \cdot 3 \cdot 5 \cdot 67$
13	$3 \cdot 11 \cdot 61$
14	$2 \cdot 19 \cdot 53$
15	$5 \cdot 13 \cdot 31$
16	$2^5 \cdot 3^2 \cdot 7$
20	$2^2 \cdot 5 \cdot 101$
21	$43 \cdot 47$
23	$7 \cdot 17^2$
24	$2^3 \cdot 11 \cdot 23$
25	$3^4 \cdot 5^2$
28	$2^2 \cdot 3 \cdot 13^2$
30	$2 \cdot 5 \cdot 7 \cdot 29$
32	$2^4 \cdot 127$
33	$19 \cdot 107$
34	$2 \cdot 3^2 \cdot 113$
35	$5 \cdot 11 \cdot 37$
37	$3 \cdot 7 \cdot 97$
40	$2^3 \cdot 3 \cdot 5 \cdot 17$
44	$2^2 \cdot 7 \cdot 73$
46	$2 \cdot 3 \cdot 11 \cdot 31$
47	$23 \cdot 89$
48	2^{11}
50	$2 \cdot 5^2 \cdot 41$
52	$2^2 \cdot 3^3 \cdot 19$
54	$2 \cdot 13 \cdot 79$
57	$11^2 \cdot 17$
58	$2 \cdot 3 \cdot 7^3$
59	$29 \cdot 71$
60	$2^2 \cdot 5 \cdot 103$
64	$2^4 \cdot 3 \cdot 43$
65	$5 \cdot 7 \cdot 59$
67	$3 \cdot 13 \cdot 53$
68	$2^2 \cdot 11 \cdot 47$
70	$2 \cdot 3^2 \cdot 5 \cdot 23$
71	$19 \cdot 109$
72	$2^3 \cdot 7 \cdot 37$
74	$2 \cdot 17 \cdot 61$
75	$5^2 \cdot 83$
77	$31 \cdot 67$
79	$3^3 \cdot 7 \cdot 11$
80	$2^5 \cdot 5 \cdot 13$
88	$2^3 \cdot 3^2 \cdot 29$
90	$2 \cdot 5 \cdot 11 \cdot 19$
91	$3 \cdot 17 \cdot 41$
93	$7 \cdot 13 \cdot 23$

2100

0	$2^2 \cdot 3 \cdot 5^2 \cdot 7$
6	$2 \cdot 3^4 \cdot 13$
7	$7^2 \cdot 43$
8	$2^2 \cdot 17 \cdot 31$
9	$3 \cdot 19 \cdot 37$
12	$2^6 \cdot 3 \cdot 11$
15	$3^2 \cdot 5 \cdot 47$
16	$2^2 \cdot 23^2$
17	$29 \cdot 73$
20	$2^3 \cdot 5 \cdot 53$
21	$3 \cdot 7 \cdot 101$
24	$2^2 \cdot 3^2 \cdot 59$
25	$5^3 \cdot 17$
28	$2^4 \cdot 7 \cdot 19$
30	$2 \cdot 3 \cdot 5 \cdot 71$
32	$2^2 \cdot 13 \cdot 41$
33	$3^3 \cdot 79$
34	$2 \cdot 11 \cdot 97$
35	$5 \cdot 7 \cdot 61$
36	$2^3 \cdot 3 \cdot 89$
39	$3 \cdot 23 \cdot 31$
40	$2^2 \cdot 5 \cdot 107$
42	$2 \cdot 3^2 \cdot 7 \cdot 17$
44	$2^5 \cdot 67$
45	$3 \cdot 5 \cdot 11 \cdot 13$
46	$2 \cdot 29 \cdot 37$
47	$19 \cdot 113$
50	$2 \cdot 5^2 \cdot 43$
56	$2^2 \cdot 7^2 \cdot 11$
58	$2 \cdot 13 \cdot 83$
59	$17 \cdot 127$
60	$2^4 \cdot 3^3 \cdot 5$
62	$2 \cdot 23 \cdot 47$
63	$3 \cdot 7 \cdot 103$
66	$2 \cdot 3 \cdot 19^2$
70	$2 \cdot 5 \cdot 7 \cdot 31$
73	$41 \cdot 53$
75	$3 \cdot 5^2 \cdot 29$
76	$2^7 \cdot 17$
78	$2 \cdot 3^2 \cdot 11^2$
80	$2^2 \cdot 5 \cdot 109$
83	$37 \cdot 59$
84	$2^3 \cdot 3 \cdot 7 \cdot 13$
85	$5 \cdot 19 \cdot 23$
87	3^7
90	$2 \cdot 3 \cdot 5 \cdot 73$
93	$3 \cdot 17 \cdot 43$
96	$2^2 \cdot 3^2 \cdot 61$
97	13^3

2200

0	$2^3 \cdot 5^2 \cdot 11$
1	$31 \cdot 71$
4	$2^2 \cdot 19 \cdot 29$
5	$3^2 \cdot 5 \cdot 7^2$
8	$2^5 \cdot 3 \cdot 23$
9	47^2
10	$2 \cdot 5 \cdot 13 \cdot 17$
11	$3 \cdot 11 \cdot 67$
12	$2^2 \cdot 7 \cdot 79$
14	$2 \cdot 3^3 \cdot 41$
20	$2^2 \cdot 3 \cdot 5 \cdot 37$
22	$2 \cdot 11 \cdot 101$
23	$3^2 \cdot 13 \cdot 19$
25	$5^2 \cdot 89$
26	$2 \cdot 3 \cdot 7 \cdot 53$
31	$23 \cdot 97$
32	$2^3 \cdot 3^2 \cdot 31$
33	$7 \cdot 11 \cdot 29$
36	$2^2 \cdot 13 \cdot 43$
40	$2^6 \cdot 5 \cdot 7$
41	$3^3 \cdot 83$
42	$2 \cdot 19 \cdot 59$
44	$2^2 \cdot 3 \cdot 11 \cdot 17$
47	$3 \cdot 7 \cdot 107$
50	$2 \cdot 3^2 \cdot 5^3$
54	$2 \cdot 7^2 \cdot 23$
55	$5 \cdot 11 \cdot 41$
56	$2^4 \cdot 3 \cdot 47$
57	$37 \cdot 61$
60	$2^2 \cdot 5 \cdot 113$
61	$7 \cdot 17 \cdot 19$
62	$2 \cdot 3 \cdot 13 \cdot 29$
63	$31 \cdot 73$
66	$2 \cdot 11 \cdot 103$
68	$2^2 \cdot 3^4 \cdot 7$
72	$2^5 \cdot 71$
75	$5^2 \cdot 7 \cdot 13$
77	$3^2 \cdot 11 \cdot 23$
78	$2 \cdot 17 \cdot 67$
79	$43 \cdot 53$
80	$2^3 \cdot 3 \cdot 5 \cdot 19$
86	$2 \cdot 3^2 \cdot 127$
88	$2^4 \cdot 11 \cdot 13$
89	$3 \cdot 7 \cdot 109$
91	$29 \cdot 79$
94	$2 \cdot 31 \cdot 37$
95	$3^3 \cdot 5 \cdot 17$
96	$2^3 \cdot 7 \cdot 41$
99	$11^2 \cdot 19$

2300

0	$2^2 \cdot 5^2 \cdot 23$
1	$3 \cdot 13 \cdot 59$
3	$7^2 \cdot 47$
4	$2^8 \cdot 3^2$
10	$2 \cdot 3 \cdot 5 \cdot 7 \cdot 11$
12	$2^3 \cdot 17^2$
14	$2 \cdot 13 \cdot 89$
18	$2 \cdot 19 \cdot 61$
20	$2^4 \cdot 5 \cdot 29$
22	$2 \cdot 3^3 \cdot 43$
23	$23 \cdot 101$
24	$2^2 \cdot 7 \cdot 83$
25	$3 \cdot 5^2 \cdot 31$
28	$2^3 \cdot 3 \cdot 97$
31	$3^2 \cdot 7 \cdot 37$
32	$2^2 \cdot 11 \cdot 53$
36	$2^5 \cdot 73$
37	$3 \cdot 19 \cdot 41$
40	$2^2 \cdot 3^2 \cdot 5 \cdot 13$
43	$3 \cdot 11 \cdot 71$
45	$5 \cdot 7 \cdot 67$
46	$2 \cdot 3 \cdot 17 \cdot 23$
49	$3^4 \cdot 29$
50	$2 \cdot 5^2 \cdot 47$
52	$2^4 \cdot 3 \cdot 7^2$
54	$2 \cdot 11 \cdot 107$
56	$2^2 \cdot 19 \cdot 31$
60	$2^3 \cdot 5 \cdot 59$
65	$5 \cdot 11 \cdot 43$
66	$2 \cdot 7 \cdot 13^2$
68	$2^6 \cdot 37$
69	$23 \cdot 103$
70	$2 \cdot 3 \cdot 5 \cdot 79$
73	$3 \cdot 7 \cdot 113$
75	$5^3 \cdot 19$
76	$2^3 \cdot 3^3 \cdot 11$
78	$2 \cdot 29 \cdot 41$
79	$3 \cdot 13 \cdot 61$
80	$2^2 \cdot 5 \cdot 7 \cdot 17$
85	$3^2 \cdot 5 \cdot 53$
87	$7 \cdot 11 \cdot 31$
92	$2^3 \cdot 13 \cdot 23$
94	$2 \cdot 3^2 \cdot 7 \cdot 19$
97	$3 \cdot 17 \cdot 47$
98	$2 \cdot 11 \cdot 109$

2400

0	$2^5 \cdot 3 \cdot 5^2$
1	7^4
3	$3^3 \cdot 89$
5	$5 \cdot 13 \cdot 37$
7	$29 \cdot 83$
8	$2^3 \cdot 7 \cdot 43$
9	$3 \cdot 11 \cdot 73$
12	$2^2 \cdot 3^2 \cdot 67$
13	$19 \cdot 127$
14	$2 \cdot 17 \cdot 71$
15	$3 \cdot 5 \cdot 7 \cdot 23$
18	$2 \cdot 3 \cdot 13 \cdot 31$
19	$41 \cdot 59$
20	$2^2 \cdot 5 \cdot 11^2$
24	$2^3 \cdot 3 \cdot 101$
25	$5^2 \cdot 97$
30	$2 \cdot 3^5 \cdot 5$
31	$11 \cdot 13 \cdot 17$
32	$2^7 \cdot 19$
36	$2^2 \cdot 3 \cdot 7 \cdot 29$
38	$2 \cdot 23 \cdot 53$
40	$2^3 \cdot 5 \cdot 61$
42	$2 \cdot 3 \cdot 11 \cdot 37$
44	$2^2 \cdot 13 \cdot 47$
48	$2^4 \cdot 3^2 \cdot 17$
49	$31 \cdot 79$
50	$2 \cdot 5^2 \cdot 7^2$
51	$3 \cdot 19 \cdot 43$
57	$3^3 \cdot 7 \cdot 13$
60	$2^2 \cdot 3 \cdot 5 \cdot 41$
61	$23 \cdot 107$
64	$2^5 \cdot 7 \cdot 11$
65	$5 \cdot 17 \cdot 29$
70	$2 \cdot 5 \cdot 13 \cdot 19$
72	$2^3 \cdot 3 \cdot 103$
75	$3^2 \cdot 5^2 \cdot 11$
78	$2 \cdot 3 \cdot 7 \cdot 59$
79	$37 \cdot 67$
80	$2^4 \cdot 5 \cdot 31$
82	$2 \cdot 17 \cdot 73$
84	$2^2 \cdot 3^3 \cdot 23$
85	$5 \cdot 7 \cdot 71$
86	$2 \cdot 11 \cdot 113$
90	$2 \cdot 3 \cdot 5 \cdot 83$
91	$47 \cdot 53$
92	$2^2 \cdot 7 \cdot 89$
94	$2 \cdot 29 \cdot 43$
96	$2^6 \cdot 3 \cdot 13$
99	$3 \cdot 7^2 \cdot 17$

2500

0	$2^2 \cdot 5^4$
1	$41 \cdot 61$
7	$23 \cdot 109$
8	$2^2 \cdot 3 \cdot 11 \cdot 19$
11	$3^4 \cdot 31$
16	$2^2 \cdot 17 \cdot 37$
20	$2^3 \cdot 3^2 \cdot 5 \cdot 7$
22	$2 \cdot 13 \cdot 97$
23	$3 \cdot 29^2$
25	$5^2 \cdot 101$
27	$7 \cdot 19^2$
28	$2^5 \cdot 79$
30	$2 \cdot 5 \cdot 11 \cdot 23$
35	$3 \cdot 5 \cdot 13^2$
37	$43 \cdot 59$
38	$2 \cdot 3^3 \cdot 47$
40	$2^2 \cdot 5 \cdot 127$
41	$3 \cdot 7 \cdot 11^2$
42	$2 \cdot 31 \cdot 41$
44	$2^4 \cdot 3 \cdot 53$
46	$2 \cdot 19 \cdot 67$
48	$2^2 \cdot 7^2 \cdot 13$
50	$2 \cdot 3 \cdot 5^2 \cdot 17$
52	$2^3 \cdot 11 \cdot 29$
53	$3 \cdot 23 \cdot 37$
55	$5 \cdot 7 \cdot 73$
56	$2^2 \cdot 3^2 \cdot 71$
60	$2^9 \cdot 5$
62	$2 \cdot 3 \cdot 7 \cdot 61$
65	$3^3 \cdot 5 \cdot 19$
68	$2^3 \cdot 3 \cdot 107$
73	$31 \cdot 83$
74	$2 \cdot 3^2 \cdot 11 \cdot 13$
75	$5^2 \cdot 103$
76	$2^4 \cdot 7 \cdot 23$
80	$2^2 \cdot 3 \cdot 5 \cdot 43$
81	$29 \cdot 89$
83	$3^2 \cdot 7 \cdot 41$
84	$2^3 \cdot 17 \cdot 19$
85	$5 \cdot 11 \cdot 47$
90	$2 \cdot 5 \cdot 7 \cdot 37$
92	$2^5 \cdot 3^4$
96	$2^2 \cdot 11 \cdot 59$
97	$7^2 \cdot 53$
99	$23 \cdot 113$

2600

0	$2^3 \cdot 5^2 \cdot 13$
1	$3^2 \cdot 17^2$
4	$2^2 \cdot 3 \cdot 7 \cdot 31$
7	$3 \cdot 11 \cdot 79$
10	$2 \cdot 3^2 \cdot 5 \cdot 29$
13	$3 \cdot 13 \cdot 67$
16	$2^3 \cdot 3 \cdot 109$
18	$2 \cdot 7 \cdot 11 \cdot 17$

2600   **2700**   **2900**   **3100**   **3300**

2600

19	$3^3 \cdot 97$
22	$2 \cdot 3 \cdot 19 \cdot 23$
23	$43 \cdot 61$
24	$2^6 \cdot 41$
25	$3 \cdot 5^3 \cdot 7$
26	$2 \cdot 13 \cdot 101$
27	$37 \cdot 71$
28	$2^2 \cdot 3^2 \cdot 73$
32	$2^3 \cdot 7 \cdot 47$
35	$5 \cdot 17 \cdot 31$
39	$7 \cdot 13 \cdot 29$
40	$2^3 \cdot 3 \cdot 5 \cdot 11$
45	$5 \cdot 23^2$
46	$2 \cdot 3^3 \cdot 7^2$
50	$2 \cdot 5^2 \cdot 53$
52	$2^2 \cdot 3 \cdot 13 \cdot 17$
55	$3^2 \cdot 5 \cdot 59$
56	$2^5 \cdot 83$
60	$2^2 \cdot 5 \cdot 7 \cdot 19$
62	$2 \cdot 11^3$
64	$2^3 \cdot 3^2 \cdot 37$
65	$5 \cdot 13 \cdot 41$
66	$2 \cdot 31 \cdot 43$
67	$3 \cdot 7 \cdot 127$
68	$2^2 \cdot 23 \cdot 29$
70	$2 \cdot 3 \cdot 5 \cdot 89$
73	$3^5 \cdot 11$
75	$5^2 \cdot 107$
78	$2 \cdot 13 \cdot 103$
79	$3 \cdot 19 \cdot 47$
80	$2^3 \cdot 5 \cdot 67$
84	$2^2 \cdot 11 \cdot 61$
86	$2 \cdot 17 \cdot 79$
88	$2^7 \cdot 3 \cdot 7$
91	$3^2 \cdot 13 \cdot 23$
95	$5 \cdot 7^2 \cdot 11$
97	$3 \cdot 29 \cdot 31$
98	$2 \cdot 19 \cdot 71$

2700

0	$2^2 \cdot 3^3 \cdot 5^2$
1	$37 \cdot 73$
3	$3 \cdot 17 \cdot 53$
4	$2^4 \cdot 13^2$
6	$2 \cdot 3 \cdot 11 \cdot 41$
9	$3^2 \cdot 7 \cdot 43$
12	$2^3 \cdot 3 \cdot 113$
14	$2 \cdot 23 \cdot 59$
16	$2^2 \cdot 7 \cdot 97$
17	$11 \cdot 13 \cdot 19$
20	$2^5 \cdot 5 \cdot 17$
25	$5^2 \cdot 109$
26	$2 \cdot 29 \cdot 47$
27	$3^3 \cdot 101$
28	$2^3 \cdot 11 \cdot 31$
30	$2 \cdot 3 \cdot 5 \cdot 7 \cdot 13$
36	$2^4 \cdot 3^2 \cdot 19$
37	$7 \cdot 17 \cdot 23$
38	$2 \cdot 37^2$
39	$3 \cdot 11 \cdot 83$
44	$2^3 \cdot 7^3$
45	$3^2 \cdot 5 \cdot 61$
47	$41 \cdot 67$
50	$2 \cdot 5^3 \cdot 11$
52	$2^6 \cdot 43$
54	$2 \cdot 3^4 \cdot 17$
55	$5 \cdot 19 \cdot 29$
56	$2^2 \cdot 13 \cdot 53$
59	$31 \cdot 89$
60	$2^3 \cdot 3 \cdot 5 \cdot 23$
65	$5 \cdot 7 \cdot 79$
69	$3 \cdot 13 \cdot 71$
72	$2^2 \cdot 3^2 \cdot 7 \cdot 11$
73	$47 \cdot 59$
74	$2 \cdot 19 \cdot 73$
75	$3 \cdot 5^2 \cdot 37$
81	$3^3 \cdot 103$
82	$2 \cdot 13 \cdot 107$
83	$11^2 \cdot 23$
84	$2^5 \cdot 3 \cdot 29$
88	$2^2 \cdot 17 \cdot 41$
90	$2 \cdot 3^2 \cdot 5 \cdot 31$
93	$3 \cdot 7^2 \cdot 19$
94	$2 \cdot 11 \cdot 127$
95	$5 \cdot 13 \cdot 43$

2800

0	$2^4 \cdot 5^2 \cdot 7$
5	$3 \cdot 5 \cdot 11 \cdot 17$
6	$2 \cdot 23 \cdot 61$
8	$2^3 \cdot 3^3 \cdot 13$
9	53^2
12	$2^2 \cdot 19 \cdot 37$
13	$29 \cdot 97$
14	$2 \cdot 3 \cdot 7 \cdot 67$
16	$2^8 \cdot 11$
20	$2^2 \cdot 3 \cdot 5 \cdot 47$
21	$7 \cdot 13 \cdot 31$
22	$2 \cdot 17 \cdot 83$
25	$5^2 \cdot 113$
28	$2^2 \cdot 7 \cdot 101$
29	$3 \cdot 23 \cdot 41$
32	$2^4 \cdot 3 \cdot 59$
34	$2 \cdot 13 \cdot 109$
35	$3^4 \cdot 5 \cdot 7$
38	$2 \cdot 3 \cdot 11 \cdot 43$
40	$2^3 \cdot 5 \cdot 71$
42	$2 \cdot 7^2 \cdot 29$
44	$2^2 \cdot 3^2 \cdot 79$
47	$3 \cdot 13 \cdot 73$
48	$2^5 \cdot 89$
49	$7 \cdot 11 \cdot 37$
50	$2 \cdot 3 \cdot 5^2 \cdot 19$
52	$2^2 \cdot 23 \cdot 31$
56	$2^3 \cdot 3 \cdot 7 \cdot 17$
60	$2^2 \cdot 5 \cdot 11 \cdot 13$
62	$2 \cdot 3^3 \cdot 53$
67	$47 \cdot 61$
70	$2 \cdot 5 \cdot 7 \cdot 41$
71	$3^2 \cdot 11 \cdot 29$
73	$13^2 \cdot 17$
75	$5^3 \cdot 23$
80	$2^6 \cdot 3^2 \cdot 5$
81	$43 \cdot 67$
83	$3 \cdot 31^2$
84	$2^2 \cdot 7 \cdot 103$
86	$2 \cdot 3 \cdot 13 \cdot 37$
88	$2^3 \cdot 19^2$
89	$3^3 \cdot 107$
90	$2 \cdot 5 \cdot 17^2$
91	$7^2 \cdot 59$
98	$2 \cdot 3^2 \cdot 7 \cdot 23$

2900

0	$2^2 \cdot 5^2 \cdot 29$
4	$2^3 \cdot 3 \cdot 11^2$
5	$5 \cdot 7 \cdot 83$
7	$3^2 \cdot 17 \cdot 19$
10	$2 \cdot 3 \cdot 5 \cdot 97$
11	$41 \cdot 71$
12	$2^5 \cdot 7 \cdot 13$
14	$2 \cdot 31 \cdot 47$
15	$5 \cdot 11 \cdot 53$
16	$2^2 \cdot 3^6$
20	$2^3 \cdot 5 \cdot 73$
21	$23 \cdot 127$
23	$37 \cdot 79$
24	$2^2 \cdot 17 \cdot 43$
25	$3^2 \cdot 5^2 \cdot 13$
26	$2 \cdot 7 \cdot 11 \cdot 19$
28	$2^4 \cdot 3 \cdot 61$
29	$29 \cdot 101$
37	$3 \cdot 11 \cdot 89$
38	$2 \cdot 13 \cdot 113$
40	$2^2 \cdot 3 \cdot 5 \cdot 7^2$
43	$3^3 \cdot 109$
44	$2^7 \cdot 23$
45	$5 \cdot 19 \cdot 31$
48	$2^3 \cdot 11 \cdot 67$
50	$2 \cdot 5^2 \cdot 59$
52	$2^3 \cdot 3^2 \cdot 41$
58	$2 \cdot 3 \cdot 17 \cdot 29$
60	$2^4 \cdot 5 \cdot 37$
61	$3^2 \cdot 7 \cdot 47$
64	$2^2 \cdot 3 \cdot 13 \cdot 19$
67	$3 \cdot 23 \cdot 43$
68	$2^3 \cdot 7 \cdot 53$
70	$2 \cdot 3^3 \cdot 5 \cdot 11$
75	$5^2 \cdot 7 \cdot 17$
76	$2^5 \cdot 3 \cdot 31$
82	$2 \cdot 3 \cdot 7 \cdot 71$
87	$29 \cdot 103$
88	$2^2 \cdot 3^2 \cdot 83$
89	$7^2 \cdot 61$
90	$2 \cdot 5 \cdot 13 \cdot 23$
92	$2^4 \cdot 11 \cdot 17$
93	$41 \cdot 73$
96	$2^2 \cdot 7 \cdot 107$
97	$3^4 \cdot 37$

3000

0	$2^3 \cdot 3 \cdot 5^3$
2	$2 \cdot 19 \cdot 79$
3	$3 \cdot 7 \cdot 11 \cdot 13$
7	$31 \cdot 97$
8	$2^6 \cdot 47$
9	$3 \cdot 17 \cdot 59$
10	$2 \cdot 5 \cdot 7 \cdot 43$
15	$3^2 \cdot 5 \cdot 67$
16	$2^3 \cdot 13 \cdot 29$
21	$3 \cdot 19 \cdot 53$
24	$2^4 \cdot 3^3 \cdot 7$
25	$5^2 \cdot 11^2$
26	$2 \cdot 17 \cdot 89$
30	$2 \cdot 3 \cdot 5 \cdot 101$
34	$2 \cdot 37 \cdot 41$
36	$2^2 \cdot 3 \cdot 11 \cdot 23$
38	$2 \cdot 7^2 \cdot 31$
40	$2^5 \cdot 5 \cdot 19$
42	$2 \cdot 3^2 \cdot 13^2$
45	$3 \cdot 5 \cdot 7 \cdot 29$
48	$2^3 \cdot 3 \cdot 127$
50	$2 \cdot 5^2 \cdot 61$
51	$3^3 \cdot 113$
52	$2^2 \cdot 7 \cdot 109$
53	$43 \cdot 71$
55	$5 \cdot 13 \cdot 47$
59	$7 \cdot 19 \cdot 23$
60	$2^2 \cdot 3^2 \cdot 5 \cdot 17$
66	$2 \cdot 3 \cdot 7 \cdot 73$
68	$2^2 \cdot 13 \cdot 59$
69	$3^2 \cdot 11 \cdot 31$
71	$37 \cdot 83$
72	$2^{10} \cdot 3$
74	$2 \cdot 29 \cdot 53$
75	$3 \cdot 5^2 \cdot 41$
78	$2 \cdot 3^4 \cdot 19$
80	$2^3 \cdot 5 \cdot 7 \cdot 11$
81	$3 \cdot 13 \cdot 79$
82	$2 \cdot 23 \cdot 67$
87	$3^2 \cdot 7^3$
90	$2 \cdot 3 \cdot 5 \cdot 103$
94	$2 \cdot 7 \cdot 13 \cdot 17$
96	$2^3 \cdot 3^2 \cdot 43$

3100

0	$2^2 \cdot 5^2 \cdot 31$
2	$2 \cdot 3 \cdot 11 \cdot 47$
3	$29 \cdot 107$
4	$2^5 \cdot 97$
5	$3^3 \cdot 5 \cdot 23$
8	$2^2 \cdot 3 \cdot 7 \cdot 37$
11	$3 \cdot 17 \cdot 61$
15	$5 \cdot 7 \cdot 89$
16	$2^2 \cdot 19 \cdot 41$
20	$2^4 \cdot 3 \cdot 5 \cdot 13$
24	$2^2 \cdot 11 \cdot 71$
25	5^5
27	$53 \cdot 59$
28	$2^3 \cdot 17 \cdot 23$
31	$31 \cdot 101$
32	$2^2 \cdot 3^3 \cdot 29$
35	$3 \cdot 5 \cdot 11 \cdot 19$
36	$2^6 \cdot 7^2$
39	$43 \cdot 73$
45	$5 \cdot 17 \cdot 37$
46	$2 \cdot 11^2 \cdot 13$
49	$47 \cdot 67$
50	$2 \cdot 3^2 \cdot 5^2 \cdot 7$
54	$2 \cdot 19 \cdot 83$
57	$7 \cdot 11 \cdot 41$
59	$3^5 \cdot 13$
60	$2^3 \cdot 5 \cdot 79$
61	$29 \cdot 109$
62	$2 \cdot 3 \cdot 17 \cdot 31$
64	$2^2 \cdot 7 \cdot 113$
68	$2^5 \cdot 3^2 \cdot 11$
72	$2^2 \cdot 13 \cdot 61$
74	$2 \cdot 3 \cdot 23^2$
75	$5^2 \cdot 127$
79	$11 \cdot 17^2$
80	$2^2 \cdot 3 \cdot 5 \cdot 53$
82	$2 \cdot 37 \cdot 43$
85	$5 \cdot 7^2 \cdot 13$
86	$2 \cdot 3^3 \cdot 59$
90	$2 \cdot 5 \cdot 11 \cdot 29$
92	$2^3 \cdot 3 \cdot 7 \cdot 19$
93	$31 \cdot 103$
95	$3^2 \cdot 5 \cdot 71$
96	$2^2 \cdot 17 \cdot 47$
98	$2 \cdot 3 \cdot 13 \cdot 41$

3200

0	$2^7 \cdot 5^2$
1	$3 \cdot 11 \cdot 97$
4	$2^2 \cdot 3^2 \cdot 89$
10	$2 \cdot 3 \cdot 5 \cdot 107$
11	$13^2 \cdot 19$
12	$2^2 \cdot 11 \cdot 73$
13	$3^3 \cdot 7 \cdot 17$
16	$2^4 \cdot 3 \cdot 67$
19	$3 \cdot 29 \cdot 37$
20	$2^2 \cdot 5 \cdot 7 \cdot 23$
24	$2^3 \cdot 13 \cdot 31$
25	$3 \cdot 5^2 \cdot 43$
30	$2 \cdot 5 \cdot 17 \cdot 19$
32	$2^5 \cdot 101$
33	$53 \cdot 61$
34	$2 \cdot 3 \cdot 7^2 \cdot 11$
37	$3 \cdot 13 \cdot 83$
39	$41 \cdot 79$
40	$2^3 \cdot 3^4 \cdot 5$
43	$3 \cdot 23 \cdot 47$
45	$5 \cdot 11 \cdot 59$
48	$2^4 \cdot 7 \cdot 29$
49	$3^2 \cdot 19^2$
50	$2 \cdot 5^3 \cdot 13$
55	$3 \cdot 5 \cdot 7 \cdot 31$
56	$2^3 \cdot 11 \cdot 37$
64	$2^6 \cdot 3 \cdot 17$
66	$2 \cdot 23 \cdot 71$
67	$3^3 \cdot 11^2$
68	$2^2 \cdot 19 \cdot 43$
70	$2 \cdot 3 \cdot 5 \cdot 109$
76	$2^2 \cdot 3^2 \cdot 7 \cdot 13$
77	$29 \cdot 113$
80	$2^4 \cdot 5 \cdot 41$
83	$7^2 \cdot 67$
85	$3^2 \cdot 5 \cdot 73$
86	$2 \cdot 31 \cdot 53$
89	$11 \cdot 13 \cdot 23$
90	$2 \cdot 5 \cdot 7 \cdot 47$
93	$37 \cdot 89$
94	$2 \cdot 3^3 \cdot 61$
96	$2^5 \cdot 103$
98	$2 \cdot 17 \cdot 97$

3300

0	$2^2 \cdot 3 \cdot 5^2 \cdot 11$
2	$2 \cdot 13 \cdot 127$
4	$2^3 \cdot 7 \cdot 59$
6	$2 \cdot 3 \cdot 19 \cdot 29$
11	$7 \cdot 11 \cdot 43$
12	$2^4 \cdot 3^2 \cdot 23$
15	$3 \cdot 5 \cdot 13 \cdot 17$
17	$31 \cdot 107$
18	$2 \cdot 3 \cdot 7 \cdot 79$
20	$2^3 \cdot 5 \cdot 83$
21	$3^4 \cdot 41$
25	$5^2 \cdot 7 \cdot 19$
28	$2^8 \cdot 13$
30	$2 \cdot 3^2 \cdot 5 \cdot 37$
32	$2^2 \cdot 7^2 \cdot 17$
33	$3 \cdot 11 \cdot 101$
35	$5 \cdot 23 \cdot 29$
37	$47 \cdot 71$
39	$3^2 \cdot 7 \cdot 53$
44	$2^4 \cdot 11 \cdot 19$
48	$2^2 \cdot 3^3 \cdot 31$
50	$2 \cdot 5^2 \cdot 67$
54	$2 \cdot 3 \cdot 13 \cdot 43$
55	$5 \cdot 11 \cdot 61$
58	$2 \cdot 23 \cdot 73$
60	$2^5 \cdot 3 \cdot 5 \cdot 7$
62	$2 \cdot 41^2$
63	$3 \cdot 19 \cdot 59$
64	$2^2 \cdot 29^2$
66	$2 \cdot 3^2 \cdot 11 \cdot 17$
67	$7 \cdot 13 \cdot 37$
75	$3^3 \cdot 5^3$
79	$31 \cdot 109$
80	$2^2 \cdot 5 \cdot 13^2$
81	$3 \cdot 7^2 \cdot 23$
82	$2 \cdot 19 \cdot 89$
84	$2^3 \cdot 3^2 \cdot 47$
88	$2^2 \cdot 7 \cdot 11^2$
90	$2 \cdot 3 \cdot 5 \cdot 113$
92	$2^6 \cdot 53$
93	$3^2 \cdot 13 \cdot 29$
95	$5 \cdot 7 \cdot 97$
97	$43 \cdot 79$
99	$3 \cdot 11 \cdot 103$

3400

0	$2^3 \cdot 5^2 \cdot 17$
2	$2 \cdot 3^5 \cdot 7$
3	$41 \cdot 83$
4	$2^2 \cdot 23 \cdot 37$
8	$2^4 \cdot 3 \cdot 71$
10	$2 \cdot 5 \cdot 11 \cdot 31$
16	$2^3 \cdot 7 \cdot 61$
17	$3 \cdot 17 \cdot 67$
20	$2^2 \cdot 3^2 \cdot 5 \cdot 19$
22	$2 \cdot 29 \cdot 59$
24	$2^5 \cdot 107$
29	$3^3 \cdot 127$
30	$2 \cdot 5 \cdot 7^3$
31	$47 \cdot 73$
32	$2^3 \cdot 3 \cdot 11 \cdot 13$
34	$2 \cdot 17 \cdot 101$
40	$2^4 \cdot 5 \cdot 43$
41	$3 \cdot 31 \cdot 37$
44	$2^2 \cdot 3 \cdot 7 \cdot 41$
45	$5 \cdot 13 \cdot 53$
50	$2 \cdot 3 \cdot 5^2 \cdot 23$
51	$7 \cdot 17 \cdot 29$
56	$2^7 \cdot 3^3$
58	$2 \cdot 7 \cdot 13 \cdot 19$
65	$3^2 \cdot 5 \cdot 7 \cdot 11$
68	$2^2 \cdot 3 \cdot 17^2$
71	$3 \cdot 13 \cdot 89$
72	$2^4 \cdot 7 \cdot 31$
76	$2^2 \cdot 11 \cdot 79$
77	$3 \cdot 19 \cdot 61$
78	$2 \cdot 37 \cdot 47$
79	$7^2 \cdot 71$
80	$2^3 \cdot 3 \cdot 5 \cdot 29$
81	59^2

3400

83	$3^4 \cdot 43$
84	$2^2 \cdot 13 \cdot 67$
85	$5 \cdot 17 \cdot 41$
86	$2 \cdot 3 \cdot 7 \cdot 83$
88	$2^5 \cdot 109$
92	$2^2 \cdot 3^2 \cdot 97$
96	$2^3 \cdot 19 \cdot 23$
98	$2 \cdot 3 \cdot 11 \cdot 53$

3500

0	$2^2 \cdot 5^3 \cdot 7$
2	$2 \cdot 17 \cdot 103$
3	$31 \cdot 113$
4	$2^4 \cdot 3 \cdot 73$
9	$11^2 \cdot 29$
10	$2 \cdot 3^3 \cdot 5 \cdot 13$
15	$5 \cdot 19 \cdot 37$
19	$3^2 \cdot 17 \cdot 23$
20	$2^6 \cdot 5 \cdot 11$
25	$3 \cdot 5^2 \cdot 47$
26	$2 \cdot 41 \cdot 43$
28	$2^3 \cdot 3^2 \cdot 7^2$
31	$3 \cdot 11 \cdot 107$
34	$2 \cdot 3 \cdot 19 \cdot 31$
35	$5 \cdot 7 \cdot 101$
36	$2^4 \cdot 13 \cdot 17$
38	$2 \cdot 29 \cdot 61$
40	$2^2 \cdot 3 \cdot 5 \cdot 59$
42	$2 \cdot 7 \cdot 11 \cdot 23$
49	$3 \cdot 7 \cdot 13^2$
50	$2 \cdot 5^2 \cdot 71$
51	$53 \cdot 67$
52	$2^5 \cdot 3 \cdot 37$
53	$11 \cdot 17 \cdot 19$
55	$3^2 \cdot 5 \cdot 79$
56	$2^2 \cdot 7 \cdot 127$
60	$2^3 \cdot 5 \cdot 89$
64	$2^2 \cdot 3^4 \cdot 11$
65	$5 \cdot 23 \cdot 31$
67	$3 \cdot 29 \cdot 41$
69	$43 \cdot 83$
70	$2 \cdot 3 \cdot 5 \cdot 7 \cdot 17$
72	$2^2 \cdot 19 \cdot 47$
75	$5^2 \cdot 11 \cdot 13$
77	$7^2 \cdot 73$
84	$2^9 \cdot 7$
88	$2^2 \cdot 3 \cdot 13 \cdot 23$
89	$37 \cdot 97$
91	$3^3 \cdot 7 \cdot 19$
96	$2^2 \cdot 29 \cdot 31$
97	$3 \cdot 11 \cdot 109$
99	$59 \cdot 61$

3600

0	$2^4 \cdot 3^2 \cdot 5^2$
4	$2^2 \cdot 17 \cdot 53$
5	$5 \cdot 7 \cdot 103$
8	$2^3 \cdot 11 \cdot 41$
10	$2 \cdot 5 \cdot 19^2$
12	$2^2 \cdot 3 \cdot 7 \cdot 43$
16	$2^5 \cdot 113$
18	$2 \cdot 3^3 \cdot 67$
19	$7 \cdot 11 \cdot 47$
21	$3 \cdot 17 \cdot 71$
25	$5^3 \cdot 29$
26	$2 \cdot 7^2 \cdot 37$
27	$3^2 \cdot 13 \cdot 31$
30	$2 \cdot 3 \cdot 5 \cdot 11^2$
34	$2 \cdot 23 \cdot 79$
36	$2^2 \cdot 3^2 \cdot 101$
38	$2 \cdot 17 \cdot 107$
40	$2^3 \cdot 5 \cdot 7 \cdot 13$
45	$3^6 \cdot 5$
48	$2^6 \cdot 3 \cdot 19$
49	$41 \cdot 89$
50	$2 \cdot 5^2 \cdot 73$
52	$2^2 \cdot 11 \cdot 83$
54	$2 \cdot 3^2 \cdot 7 \cdot 29$
55	$5 \cdot 17 \cdot 43$

3600

57	$3 \cdot 23 \cdot 53$
58	$2 \cdot 31 \cdot 59$
60	$2^2 \cdot 3 \cdot 5 \cdot 61$
63	$3^2 \cdot 11 \cdot 37$
66	$2 \cdot 3 \cdot 13 \cdot 47$
72	$2^3 \cdot 3^3 \cdot 17$
75	$3 \cdot 5^2 \cdot 7^2$
80	$2^5 \cdot 5 \cdot 23$
83	$29 \cdot 127$
85	$5 \cdot 11 \cdot 67$
86	$2 \cdot 19 \cdot 97$
89	$7 \cdot 17 \cdot 31$
90	$2 \cdot 3^2 \cdot 5 \cdot 41$
92	$2^2 \cdot 13 \cdot 71$
96	$2^4 \cdot 3 \cdot 7 \cdot 11$
98	$2 \cdot 43^2$

3700

0	$2^2 \cdot 5^2 \cdot 37$
3	$7 \cdot 23^2$
5	$3 \cdot 5 \cdot 13 \cdot 19$
6	$2 \cdot 17 \cdot 109$
8	$2^2 \cdot 3^2 \cdot 103$
10	$2 \cdot 5 \cdot 7 \cdot 53$
12	$2^7 \cdot 29$
13	$47 \cdot 79$
17	$3^2 \cdot 7 \cdot 59$
18	$2 \cdot 11 \cdot 13^2$
20	$2^3 \cdot 3 \cdot 5 \cdot 31$
21	61^2
23	$3 \cdot 17 \cdot 73$
24	$2^2 \cdot 7^2 \cdot 19$
26	$2 \cdot 3^4 \cdot 23$
29	$3 \cdot 11 \cdot 113$
31	$7 \cdot 13 \cdot 41$
35	$3^2 \cdot 5 \cdot 83$
37	$37 \cdot 101$
38	$2 \cdot 3 \cdot 7 \cdot 89$
40	$2^2 \cdot 5 \cdot 11 \cdot 17$
41	$3 \cdot 29 \cdot 43$
44	$2^5 \cdot 3^2 \cdot 13$
45	$5 \cdot 7 \cdot 107$
50	$2 \cdot 3 \cdot 5^4$
51	$11^2 \cdot 31$
52	$2^3 \cdot 7 \cdot 67$
57	$13 \cdot 17^2$
60	$2^4 \cdot 5 \cdot 47$
62	$2 \cdot 3^2 \cdot 11 \cdot 19$
63	$53 \cdot 71$
70	$2 \cdot 5 \cdot 13 \cdot 29$
72	$2^2 \cdot 23 \cdot 41$
73	$7^3 \cdot 11$
74	$2 \cdot 3 \cdot 17 \cdot 37$
76	$2^6 \cdot 59$
80	$2^2 \cdot 3^3 \cdot 5 \cdot 7$
82	$2 \cdot 31 \cdot 61$
83	$3 \cdot 13 \cdot 97$
84	$2^3 \cdot 11 \cdot 43$
92	$2^4 \cdot 3 \cdot 79$
95	$3 \cdot 5 \cdot 11 \cdot 23$
96	$2^2 \cdot 13 \cdot 73$

3800

0	$2^3 \cdot 5^2 \cdot 19$
7	$3^4 \cdot 47$
8	$2^5 \cdot 7 \cdot 17$
10	$2 \cdot 3 \cdot 5 \cdot 127$
11	$37 \cdot 103$
13	$3 \cdot 31 \cdot 41$
15	$5 \cdot 7 \cdot 109$
16	$2^3 \cdot 3^2 \cdot 53$
18	$2 \cdot 23 \cdot 83$
19	$3 \cdot 19 \cdot 67$
22	$2 \cdot 3 \cdot 7^2 \cdot 13$
25	$3^2 \cdot 5^2 \cdot 17$
27	$43 \cdot 89$
28	$2^2 \cdot 3 \cdot 11 \cdot 29$
34	$2 \cdot 3^3 \cdot 71$
35	$5 \cdot 13 \cdot 59$

3800

38	$2 \cdot 19 \cdot 101$
40	$2^8 \cdot 3 \cdot 5$
42	$2 \cdot 17 \cdot 113$
43	$3^2 \cdot 7 \cdot 61$
44	$2^2 \cdot 31^2$
48	$2^3 \cdot 13 \cdot 37$
50	$2 \cdot 5^2 \cdot 7 \cdot 11$
52	$2^2 \cdot 3^2 \cdot 107$
54	$2 \cdot 41 \cdot 47$
57	$7 \cdot 19 \cdot 29$
61	$3^3 \cdot 11 \cdot 13$
64	$2^3 \cdot 3 \cdot 7 \cdot 23$
69	$53 \cdot 73$
70	$2 \cdot 3^2 \cdot 5 \cdot 43$
71	$7^2 \cdot 79$
72	$2^5 \cdot 11^2$
75	$5^3 \cdot 31$
76	$2^2 \cdot 3 \cdot 17 \cdot 19$
80	$2^3 \cdot 5 \cdot 97$
85	$3 \cdot 5 \cdot 7 \cdot 37$
86	$2 \cdot 29 \cdot 67$
87	$13^2 \cdot 23$
88	$2^4 \cdot 3^5$
94	$2 \cdot 3 \cdot 11 \cdot 59$
95	$5 \cdot 19 \cdot 41$

3900

0	$2^2 \cdot 3 \cdot 5^2 \cdot 13$
1	$47 \cdot 83$
4	$2^6 \cdot 61$
5	$5 \cdot 11 \cdot 71$
6	$2 \cdot 3^2 \cdot 7 \cdot 31$
10	$2 \cdot 5 \cdot 17 \cdot 23$
13	$7 \cdot 13 \cdot 43$
14	$2 \cdot 19 \cdot 103$
15	$3^3 \cdot 5 \cdot 29$
16	$2^2 \cdot 11 \cdot 89$
20	$2^4 \cdot 5 \cdot 7^2$
22	$2 \cdot 37 \cdot 53$
24	$2^2 \cdot 3^2 \cdot 109$
27	$3 \cdot 7 \cdot 11 \cdot 17$
33	$3^2 \cdot 19 \cdot 23$
36	$2^5 \cdot 3 \cdot 41$
37	$31 \cdot 127$
39	$3 \cdot 13 \cdot 101$
42	$2 \cdot 3^3 \cdot 73$
44	$2^3 \cdot 17 \cdot 29$
48	$2^2 \cdot 3 \cdot 7 \cdot 47$
50	$2 \cdot 5^2 \cdot 79$
52	$2^4 \cdot 13 \cdot 19$
53	$59 \cdot 67$
55	$5 \cdot 7 \cdot 113$
56	$2^2 \cdot 23 \cdot 43$
59	$37 \cdot 107$
60	$2^3 \cdot 3^2 \cdot 5 \cdot 11$
65	$5 \cdot 13 \cdot 61$
68	$2^7 \cdot 31$
69	$3^4 \cdot 7^2$
71	$11 \cdot 19^2$
75	$3 \cdot 5^2 \cdot 53$
76	$2^3 \cdot 7 \cdot 71$
77	$41 \cdot 97$
78	$2 \cdot 3^2 \cdot 13 \cdot 17$
84	$2^4 \cdot 3 \cdot 83$
90	$2 \cdot 3 \cdot 5 \cdot 7 \cdot 19$
93	$3 \cdot 11^3$
95	$5 \cdot 17 \cdot 47$
96	$2^2 \cdot 3^3 \cdot 37$
99	$3 \cdot 31 \cdot 43$

4000

0	$2^5 \cdot 5^3$
2	$2 \cdot 3 \cdot 23 \cdot 29$
4	$2^2 \cdot 7 \cdot 11 \cdot 13$
5	$3^2 \cdot 5 \cdot 89$
12	$2^2 \cdot 17 \cdot 59$
15	$5 \cdot 11 \cdot 73$
17	$3 \cdot 13 \cdot 103$
18	$2 \cdot 7^2 \cdot 41$

4000

20	$2^2 \cdot 3 \cdot 5 \cdot 67$
25	$5^2 \cdot 7 \cdot 23$
26	$2 \cdot 3 \cdot 11 \cdot 61$
28	$2^2 \cdot 19 \cdot 53$
29	$3 \cdot 17 \cdot 79$
30	$2 \cdot 5 \cdot 13 \cdot 31$
32	$2^6 \cdot 3^2 \cdot 7$
33	$37 \cdot 109$
40	$2^3 \cdot 5 \cdot 101$
42	$2 \cdot 43 \cdot 47$
46	$2 \cdot 7 \cdot 17^2$
47	$3 \cdot 19 \cdot 71$
48	$2^4 \cdot 11 \cdot 23$
50	$2 \cdot 3^4 \cdot 5^2$
56	$2^3 \cdot 3 \cdot 13^2$
59	$3^2 \cdot 11 \cdot 41$
60	$2^2 \cdot 5 \cdot 7 \cdot 29$
64	$2^5 \cdot 127$
66	$2 \cdot 19 \cdot 107$
67	$7^2 \cdot 83$
68	$2^2 \cdot 3^2 \cdot 113$
70	$2 \cdot 5 \cdot 11 \cdot 37$
71	$3 \cdot 23 \cdot 59$
74	$2 \cdot 3 \cdot 7 \cdot 97$
80	$2^4 \cdot 3 \cdot 5 \cdot 17$
81	$7 \cdot 11 \cdot 53$
85	$5 \cdot 19 \cdot 43$
87	$61 \cdot 67$
88	$2^3 \cdot 7 \cdot 73$
89	$3 \cdot 29 \cdot 47$
92	$2^2 \cdot 3 \cdot 11 \cdot 31$
94	$2 \cdot 23 \cdot 89$
95	$3^2 \cdot 5 \cdot 7 \cdot 13$
96	2^{12}

4100

0	$2^2 \cdot 5^2 \cdot 41$
4	$2^3 \cdot 3^3 \cdot 19$
7	$3 \cdot 37^2$
8	$2^2 \cdot 13 \cdot 79$
14	$2 \cdot 11^2 \cdot 17$
16	$2^2 \cdot 3 \cdot 7^3$
18	$2 \cdot 29 \cdot 71$
20	$2^3 \cdot 5 \cdot 103$
23	$7 \cdot 19 \cdot 31$
25	$3 \cdot 5^3 \cdot 11$
28	$2^5 \cdot 3 \cdot 43$
30	$2 \cdot 5 \cdot 7 \cdot 59$
31	$3^5 \cdot 17$
34	$2 \cdot 3 \cdot 13 \cdot 53$
36	$2^3 \cdot 11 \cdot 47$
40	$2^2 \cdot 3^2 \cdot 5 \cdot 23$
41	$41 \cdot 101$
42	$2 \cdot 19 \cdot 109$
44	$2^4 \cdot 7 \cdot 37$
47	$11 \cdot 13 \cdot 29$
48	$2^2 \cdot 17 \cdot 61$
50	$2 \cdot 5^2 \cdot 83$
54	$2 \cdot 31 \cdot 67$
58	$2 \cdot 3^3 \cdot 7 \cdot 11$
60	$2^6 \cdot 5 \cdot 13$
61	$3 \cdot 19 \cdot 73$
65	$5 \cdot 7^2 \cdot 17$
71	$43 \cdot 97$
73	$3 \cdot 13 \cdot 107$
76	$2^4 \cdot 3^3 \cdot 29$
80	$2^2 \cdot 5 \cdot 11 \cdot 19$
81	$37 \cdot 113$
82	$2 \cdot 3 \cdot 17 \cdot 41$
83	$47 \cdot 89$
85	$3^3 \cdot 5 \cdot 31$
86	$2 \cdot 7 \cdot 13 \cdot 23$
87	$53 \cdot 79$
89	$59 \cdot 71$
91	$3 \cdot 11 \cdot 127$
99	$13 \cdot 17 \cdot 19$

4200

0	$2^3 \cdot 3 \cdot 5^2 \cdot 7$
5	$5 \cdot 29^2$

4200

9	$3 \cdot 23 \cdot 61$
12	$2^2 \cdot 3^4 \cdot 13$
14	$2 \cdot 7^2 \cdot 43$
16	$2^3 \cdot 17 \cdot 31$
18	$2 \cdot 3 \cdot 19 \cdot 37$
21	$3^2 \cdot 7 \cdot 67$
23	$41 \cdot 103$
24	$2^7 \cdot 3 \cdot 11$
25	$5^2 \cdot 13^2$
30	$2 \cdot 3^2 \cdot 5 \cdot 47$
32	$2^3 \cdot 23^2$
33	$3 \cdot 17 \cdot 83$
34	$2 \cdot 29 \cdot 73$
35	$5 \cdot 7 \cdot 11^2$
40	$2^4 \cdot 5 \cdot 53$
42	$2 \cdot 3 \cdot 7 \cdot 101$
48	$2^3 \cdot 3^2 \cdot 59$
50	$2 \cdot 5^3 \cdot 17$
51	$3 \cdot 13 \cdot 109$
55	$5 \cdot 23 \cdot 37$
56	$2^5 \cdot 7 \cdot 19$
57	$3^2 \cdot 11 \cdot 43$
60	$2^2 \cdot 3 \cdot 5 \cdot 71$
63	$3 \cdot 7^2 \cdot 29$
64	$2^3 \cdot 13 \cdot 41$
66	$2 \cdot 3^3 \cdot 79$
68	$2^2 \cdot 11 \cdot 97$
70	$2 \cdot 5 \cdot 7 \cdot 61$
72	$2^4 \cdot 3 \cdot 89$
75	$3^2 \cdot 5^2 \cdot 19$
77	$7 \cdot 13 \cdot 47$
78	$2 \cdot 3 \cdot 23 \cdot 31$
80	$2^3 \cdot 5 \cdot 107$
84	$2^2 \cdot 3^2 \cdot 7 \cdot 17$
88	$2^6 \cdot 67$
90	$2 \cdot 3 \cdot 5 \cdot 11 \cdot 13$
92	$2^2 \cdot 29 \cdot 37$
93	$3^4 \cdot 53$
94	$2 \cdot 19 \cdot 113$

4300

0	$2^2 \cdot 5^2 \cdot 43$
1	$11 \cdot 17 \cdot 23$
5	$3 \cdot 5 \cdot 7 \cdot 41$
7	$59 \cdot 73$
12	$2^3 \cdot 7^2 \cdot 11$
16	$2^2 \cdot 13 \cdot 83$
18	$2 \cdot 17 \cdot 127$
20	$2^5 \cdot 3^3 \cdot 5$
24	$2^2 \cdot 23 \cdot 47$
26	$2 \cdot 3 \cdot 7 \cdot 103$
29	$3^2 \cdot 13 \cdot 37$
31	$61 \cdot 71$
32	$2^2 \cdot 3 \cdot 19^2$
35	$3 \cdot 5 \cdot 17^2$
40	$2^2 \cdot 5 \cdot 7 \cdot 31$
43	$43 \cdot 101$
45	$5 \cdot 11 \cdot 79$
46	$2 \cdot 41 \cdot 53$
47	$3^3 \cdot 7 \cdot 23$
50	$2 \cdot 3 \cdot 5^2 \cdot 29$
52	$2^8 \cdot 17$
55	$5 \cdot 13 \cdot 67$
56	$2^2 \cdot 3^2 \cdot 11^2$
60	$2^3 \cdot 5 \cdot 109$
61	$7^2 \cdot 89$
65	$3^2 \cdot 5 \cdot 97$
66	$2 \cdot 37 \cdot 59$
68	$2^4 \cdot 3 \cdot 7 \cdot 13$
70	$2 \cdot 5 \cdot 19 \cdot 23$
71	$3 \cdot 31 \cdot 47$
74	$2 \cdot 3^7$
75	$5^4 \cdot 7$
80	$2^2 \cdot 3 \cdot 5 \cdot 73$
86	$2 \cdot 3 \cdot 17 \cdot 43$
87	$41 \cdot 107$
89	$3 \cdot 7 \cdot 11 \cdot 19$
92	$2^3 \cdot 3^2 \cdot 61$
94	$2 \cdot 13^3$
99	$53 \cdot 83$

4400

0	$2^4 \cdot 5^2 \cdot 11$
2	$2 \cdot 31 \cdot 71$
3	$7 \cdot 17 \cdot 37$
7	$3 \cdot 13 \cdot 113$
8	$2^3 \cdot 19 \cdot 29$
10	$2 \cdot 3^2 \cdot 5 \cdot 7^2$
16	$2^6 \cdot 3 \cdot 23$
18	$2 \cdot 47^2$
20	$2^2 \cdot 5 \cdot 13 \cdot 17$
22	$2 \cdot 3 \cdot 11 \cdot 67$
24	$2^3 \cdot 7 \cdot 79$
25	$3 \cdot 5^2 \cdot 59$
28	$2^2 \cdot 3^3 \cdot 41$
29	$43 \cdot 103$
33	$11 \cdot 13 \cdot 31$
37	$3^2 \cdot 17 \cdot 29$
40	$2^3 \cdot 3 \cdot 5 \cdot 37$
44	$2^2 \cdot 11 \cdot 101$
45	$5 \cdot 7 \cdot 127$
46	$2 \cdot 3^2 \cdot 13 \cdot 19$
50	$2 \cdot 5^2 \cdot 89$
52	$2^2 \cdot 3 \cdot 7 \cdot 53$
53	$61 \cdot 73$
55	$3^4 \cdot 5 \cdot 11$
59	$7^3 \cdot 13$
62	$2 \cdot 23 \cdot 97$
64	$2^4 \cdot 3^2 \cdot 31$
65	$5 \cdot 19 \cdot 47$
66	$2 \cdot 7 \cdot 11 \cdot 29$
69	$41 \cdot 109$
72	$2^3 \cdot 13 \cdot 43$
73	$3^2 \cdot 7 \cdot 71$
77	$11^2 \cdot 37$
80	$2^7 \cdot 5 \cdot 7$
82	$2 \cdot 3^3 \cdot 83$
84	$2^2 \cdot 19 \cdot 59$
85	$3 \cdot 5 \cdot 13 \cdot 23$
88	$2^3 \cdot 3 \cdot 11 \cdot 17$
89	67^2
94	$2 \cdot 3 \cdot 7 \cdot 107$
95	$5 \cdot 29 \cdot 31$

4500

0	$2^2 \cdot 3^2 \cdot 5^3$
3	$3 \cdot 19 \cdot 79$
5	$5 \cdot 17 \cdot 53$
8	$2^2 \cdot 7^2 \cdot 23$
10	$2 \cdot 5 \cdot 11 \cdot 41$
12	$2^5 \cdot 3 \cdot 47$
14	$2 \cdot 37 \cdot 61$
15	$3 \cdot 5 \cdot 7 \cdot 43$
20	$2^3 \cdot 5 \cdot 113$
22	$2 \cdot 7 \cdot 17 \cdot 19$
24	$2^2 \cdot 3 \cdot 13 \cdot 29$
26	$2 \cdot 31 \cdot 73$
32	$2^2 \cdot 11 \cdot 103$
36	$2^3 \cdot 3^4 \cdot 7$
39	$3 \cdot 17 \cdot 89$
43	$7 \cdot 11 \cdot 59$
44	$2^6 \cdot 71$
45	$3^2 \cdot 5 \cdot 101$
50	$2 \cdot 5^2 \cdot 7 \cdot 13$
51	$3 \cdot 37 \cdot 41$
54	$2 \cdot 3^2 \cdot 11 \cdot 23$
56	$2^2 \cdot 17 \cdot 67$
57	$3 \cdot 7^2 \cdot 31$
58	$2 \cdot 43 \cdot 53$
59	$47 \cdot 97$
60	$2^4 \cdot 3 \cdot 5 \cdot 19$
63	$3^3 \cdot 13^2$
65	$5 \cdot 11 \cdot 83$
72	$2^2 \cdot 3^2 \cdot 127$
75	$3 \cdot 5^2 \cdot 61$
76	$2^5 \cdot 11 \cdot 13$
78	$2 \cdot 3 \cdot 7 \cdot 109$
82	$2 \cdot 29 \cdot 79$
88	$2 \cdot 31 \cdot 37$
90	$2 \cdot 3^3 \cdot 5 \cdot 17$
92	$2^4 \cdot 7 \cdot 41$
98	$2 \cdot 11^2 \cdot 19$
99	$3^2 \cdot 7 \cdot 73$

4600

0	$2^3 \cdot 5^2 \cdot 23$
1	$43 \cdot 107$
2	$2 \cdot 3 \cdot 13 \cdot 59$
6	$2 \cdot 7^2 \cdot 47$
8	$2^9 \cdot 3^2$
11	$3 \cdot 29 \cdot 53$
15	$5 \cdot 13 \cdot 71$
17	$3^5 \cdot 19$
20	$2^2 \cdot 3 \cdot 5 \cdot 7 \cdot 11$
23	$3 \cdot 23 \cdot 67$
24	$2^4 \cdot 17^2$
25	$5^3 \cdot 37$
28	$2^2 \cdot 13 \cdot 89$
33	$41 \cdot 113$
35	$3^2 \cdot 5 \cdot 103$
36	$2^2 \cdot 19 \cdot 61$
40	$2^5 \cdot 5 \cdot 29$
41	$3 \cdot 7 \cdot 13 \cdot 17$
44	$2^2 \cdot 3^3 \cdot 43$
46	$2 \cdot 23 \cdot 101$
48	$2^3 \cdot 7 \cdot 83$
50	$2 \cdot 3 \cdot 5^2 \cdot 31$
53	$3^2 \cdot 11 \cdot 47$
55	$5 \cdot 7^2 \cdot 19$
56	$2^4 \cdot 3 \cdot 97$
61	$59 \cdot 79$
62	$2 \cdot 3^2 \cdot 7 \cdot 37$
64	$2^3 \cdot 11 \cdot 53$
69	$7 \cdot 23 \cdot 29$
72	$2^6 \cdot 73$
74	$2 \cdot 3 \cdot 19 \cdot 41$
75	$5^2 \cdot 11 \cdot 17$
80	$2^3 \cdot 3^2 \cdot 5 \cdot 13$
86	$2 \cdot 3 \cdot 11 \cdot 71$
87	$43 \cdot 109$
90	$2 \cdot 5 \cdot 7 \cdot 67$
92	$2^2 \cdot 3 \cdot 17 \cdot 23$
93	$13 \cdot 19^2$
97	$7 \cdot 11 \cdot 61$
98	$2 \cdot 3^4 \cdot 29$
99	$37 \cdot 127$

4700

0	$2^2 \cdot 5^2 \cdot 47$
4	$2^5 \cdot 3 \cdot 7^2$
8	$2^2 \cdot 11 \cdot 107$
12	$2^3 \cdot 19 \cdot 31$
15	$5 \cdot 23 \cdot 41$
17	$53 \cdot 89$
19	$3 \cdot 11^2 \cdot 13$
20	$2^4 \cdot 5 \cdot 59$
25	$3^3 \cdot 5^2 \cdot 7$
30	$2 \cdot 5 \cdot 11 \cdot 43$
31	$3 \cdot 19 \cdot 83$
32	$2^2 \cdot 7 \cdot 13^2$
36	$2^7 \cdot 37$
38	$2 \cdot 23 \cdot 103$
40	$2^2 \cdot 3 \cdot 5 \cdot 79$
43	$3^2 \cdot 17 \cdot 31$
45	$5 \cdot 13 \cdot 73$
46	$2 \cdot 3 \cdot 7 \cdot 113$
47	$47 \cdot 101$
50	$2 \cdot 5^3 \cdot 19$
52	$2^4 \cdot 3^3 \cdot 11$
53	$7^2 \cdot 97$
56	$2^2 \cdot 29 \cdot 41$
57	$67 \cdot 71$
58	$2 \cdot 3 \cdot 13 \cdot 61$
60	$2^3 \cdot 5 \cdot 7 \cdot 17$
61	$3^2 \cdot 23^2$
70	$2 \cdot 3^2 \cdot 5 \cdot 53$
73	$3 \cdot 37 \cdot 43$
74	$2 \cdot 7 \cdot 11 \cdot 31$
79	$3^4 \cdot 59$
84	$2^4 \cdot 13 \cdot 23$
85	$3 \cdot 5 \cdot 11 \cdot 29$
88	$2^2 \cdot 3^2 \cdot 7 \cdot 19$
94	$2 \cdot 3 \cdot 17 \cdot 47$
96	$2^2 \cdot 11 \cdot 109$
97	$3^2 \cdot 13 \cdot 41$

4800

0	$2^6 \cdot 3 \cdot 5^2$
2	$2 \cdot 7^4$
5	$5 \cdot 31^2$
6	$2 \cdot 3^3 \cdot 89$
7	$11 \cdot 19 \cdot 23$
10	$2 \cdot 5 \cdot 13 \cdot 37$
14	$2 \cdot 29 \cdot 83$
15	$3^2 \cdot 5 \cdot 107$
16	$2^4 \cdot 7 \cdot 43$
18	$2 \cdot 3 \cdot 11 \cdot 73$
19	$61 \cdot 79$
23	$7 \cdot 13 \cdot 53$
24	$2^3 \cdot 3^2 \cdot 67$
26	$2 \cdot 19 \cdot 127$
28	$2^2 \cdot 17 \cdot 71$
30	$2 \cdot 3 \cdot 5 \cdot 7 \cdot 23$
36	$2^2 \cdot 3 \cdot 13 \cdot 31$
38	$2 \cdot 41 \cdot 59$
40	$2^3 \cdot 5 \cdot 11^2$
41	$47 \cdot 103$
45	$3 \cdot 5 \cdot 17 \cdot 19$
48	$2^4 \cdot 3 \cdot 101$
50	$2 \cdot 5^2 \cdot 97$
51	$3^2 \cdot 7^2 \cdot 11$
59	$43 \cdot 113$
60	$2^2 \cdot 3^5 \cdot 5$
62	$2 \cdot 11 \cdot 13 \cdot 17$
64	$2^6 \cdot 19$
72	$2^3 \cdot 3 \cdot 7 \cdot 29$
75	$3 \cdot 5^3 \cdot 13$
76	$2^2 \cdot 23 \cdot 53$
79	$7 \cdot 17 \cdot 41$
80	$2^4 \cdot 5 \cdot 61$
84	$2^2 \cdot 3 \cdot 11 \cdot 37$
88	$2^3 \cdot 13 \cdot 47$
91	$67 \cdot 73$
95	$5 \cdot 11 \cdot 89$
96	$2^5 \cdot 3^2 \cdot 17$
97	$59 \cdot 83$
98	$2 \cdot 31 \cdot 79$
99	$3 \cdot 23 \cdot 71$

4900

95	$3^3 \cdot 5 \cdot 37$
98	$2 \cdot 3 \cdot 7^2 \cdot 17$

5000

0	$2^3 \cdot 5^4$
2	$2 \cdot 41 \cdot 61$
5	$5 \cdot 7 \cdot 11 \cdot 13$
14	$2 \cdot 23 \cdot 109$
15	$5 \cdot 17 \cdot 59$
16	$2^3 \cdot 3 \cdot 11 \cdot 19$
22	$2 \cdot 3^4 \cdot 31$
25	$3 \cdot 5^2 \cdot 67$
29	$47 \cdot 107$
31	$3^2 \cdot 13 \cdot 43$
32	$2^3 \cdot 17 \cdot 37$
35	$5 \cdot 19 \cdot 53$
37	$3 \cdot 23 \cdot 73$
40	$2^4 \cdot 3^2 \cdot 5 \cdot 7$
41	71^2
43	$3 \cdot 41^2$
44	$2^3 \cdot 13 \cdot 97$
46	$2 \cdot 3 \cdot 29^2$
47	$7^2 \cdot 103$
49	$3^3 \cdot 11 \cdot 17$
50	$2 \cdot 5^2 \cdot 101$
54	$2 \cdot 7 \cdot 19^2$
56	$2^6 \cdot 79$
60	$2^2 \cdot 5 \cdot 11 \cdot 23$
63	$61 \cdot 83$
70	$2 \cdot 3 \cdot 5 \cdot 13^2$
73	$3 \cdot 19 \cdot 89$
74	$2 \cdot 43 \cdot 59$
75	$5^2 \cdot 7 \cdot 29$
76	$2^2 \cdot 3^3 \cdot 47$
80	$2^5 \cdot 5 \cdot 127$
82	$2 \cdot 3 \cdot 7 \cdot 11^2$
83	$13 \cdot 17 \cdot 23$
84	$2^2 \cdot 31 \cdot 41$
85	$3^2 \cdot 5 \cdot 113$
88	$2^5 \cdot 3 \cdot 53$
92	$2^2 \cdot 19 \cdot 67$
96	$2^3 \cdot 7^2 \cdot 13$

4900 (Forts.)

0	$2^2 \cdot 5^2 \cdot 7^2$
1	$13^2 \cdot 29$
2	$2 \cdot 3 \cdot 19 \cdot 43$
5	$3^2 \cdot 5 \cdot 109$
13	17^3
14	$2 \cdot 3^3 \cdot 7 \cdot 13$
20	$2^3 \cdot 3 \cdot 5 \cdot 41$
21	$7 \cdot 19 \cdot 37$
22	$2 \cdot 23 \cdot 107$
28	$2^6 \cdot 7 \cdot 11$
29	$3 \cdot 31 \cdot 53$
30	$2 \cdot 5 \cdot 17 \cdot 29$
35	$3 \cdot 5 \cdot 7 \cdot 47$
40	$2^2 \cdot 5 \cdot 13 \cdot 19$
41	$3^4 \cdot 61$
44	$2^4 \cdot 3 \cdot 103$
45	$5 \cdot 23 \cdot 43$
47	$3 \cdot 17 \cdot 97$
49	$7^2 \cdot 101$
50	$2 \cdot 3^2 \cdot 5^2 \cdot 11$
53	$3 \cdot 13 \cdot 127$
56	$2^2 \cdot 3 \cdot 7 \cdot 59$
58	$2 \cdot 37 \cdot 67$
59	$3^2 \cdot 19 \cdot 29$
60	$2^5 \cdot 5 \cdot 31$
61	$11^2 \cdot 41$
64	$2^2 \cdot 17 \cdot 73$
68	$2^3 \cdot 3^3 \cdot 23$
70	$2 \cdot 5 \cdot 7 \cdot 71$
72	$2^2 \cdot 11 \cdot 113$
77	$3^2 \cdot 7 \cdot 79$
80	$2^2 \cdot 3 \cdot 5 \cdot 83$
82	$2 \cdot 47 \cdot 53$
84	$2^3 \cdot 7 \cdot 89$
88	$2^2 \cdot 29 \cdot 43$
91	$7 \cdot 23 \cdot 31$
92	$2^7 \cdot 3 \cdot 13$

5100

92	$2^3 \cdot 11 \cdot 59$
94	$2 \cdot 7^2 \cdot 53$
98	$2 \cdot 23 \cdot 113$

5200

0	$2^4 \cdot 5^2 \cdot 13$
2	$2 \cdot 3^2 \cdot 17^2$
3	$11^2 \cdot 43$
7	$41 \cdot 127$
8	$2^3 \cdot 3 \cdot 7 \cdot 31$
14	$2 \cdot 3 \cdot 11 \cdot 79$
17	$3 \cdot 37 \cdot 47$
20	$2^2 \cdot 3^2 \cdot 5 \cdot 29$
25	$5^2 \cdot 11 \cdot 19$
26	$2 \cdot 3 \cdot 13 \cdot 67$
29	$3^2 \cdot 7 \cdot 83$
32	$2^4 \cdot 3 \cdot 109$
36	$2 \cdot 7 \cdot 11 \cdot 17$
38	$2 \cdot 3^3 \cdot 97$
39	$13^2 \cdot 31$
43	$7^2 \cdot 107$
44	$2^2 \cdot 3 \cdot 19 \cdot 23$
46	$2 \cdot 43 \cdot 61$
47	$3^2 \cdot 11 \cdot 53$
48	$2^7 \cdot 41$
50	$2 \cdot 3 \cdot 5^3 \cdot 7$
51	$59 \cdot 89$
52	$2^2 \cdot 13 \cdot 101$
53	$3 \cdot 17 \cdot 103$
54	$2 \cdot 37 \cdot 71$
56	$2^3 \cdot 3^2 \cdot 73$
64	$2^4 \cdot 7 \cdot 47$
65	$3^4 \cdot 5 \cdot 13$
70	$2 \cdot 5 \cdot 17 \cdot 31$
78	$2 \cdot 7 \cdot 13 \cdot 29$
80	$2^5 \cdot 3 \cdot 5 \cdot 11$
89	$3 \cdot 41 \cdot 43$
90	$2 \cdot 5 \cdot 23^2$
91	$11 \cdot 13 \cdot 37$
92	$2^2 \cdot 3^3 \cdot 7^2$
93	$67 \cdot 79$

5100 (Forts.)

0	$2^2 \cdot 3 \cdot 5^2 \cdot 17$
3	$3^6 \cdot 7$
4	$2^4 \cdot 11 \cdot 29$
6	$2 \cdot 3 \cdot 23 \cdot 37$
10	$2 \cdot 5 \cdot 7 \cdot 73$
12	$2^3 \cdot 3^2 \cdot 71$
15	$3 \cdot 5 \cdot 11 \cdot 31$
17	$7 \cdot 17 \cdot 43$
20	$2^{10} \cdot 5$
23	$47 \cdot 109$
24	$2^2 \cdot 3 \cdot 7 \cdot 61$
25	$5^3 \cdot 41$
30	$2 \cdot 3^3 \cdot 5 \cdot 19$
33	$3 \cdot 29 \cdot 59$
35	$5 \cdot 13 \cdot 79$
36	$2^4 \cdot 3 \cdot 107$
41	$53 \cdot 97$
45	$3 \cdot 5 \cdot 7^3$
46	$2 \cdot 31 \cdot 83$
48	$2^2 \cdot 3^2 \cdot 11 \cdot 13$
50	$2 \cdot 5^2 \cdot 103$
51	$3 \cdot 17 \cdot 101$
52	$2^5 \cdot 7 \cdot 23$
59	$7 \cdot 11 \cdot 67$
60	$2^3 \cdot 3 \cdot 5 \cdot 43$
62	$2 \cdot 29 \cdot 89$
66	$2 \cdot 3^2 \cdot 7 \cdot 41$
68	$2^4 \cdot 17 \cdot 19$
70	$2 \cdot 5 \cdot 11 \cdot 47$
75	$3^2 \cdot 5^2 \cdot 23$
80	$2^2 \cdot 5 \cdot 7 \cdot 37$
83	$71 \cdot 73$
84	$2^6 \cdot 3^4$
85	$5 \cdot 17 \cdot 61$
87	$3 \cdot 7 \cdot 13 \cdot 19$

5300

0	$2^2 \cdot 5^2 \cdot 53$
1	$3^2 \cdot 19 \cdot 31$
4	$2^3 \cdot 3 \cdot 13 \cdot 17$
7	$3 \cdot 29 \cdot 61$
10	$2 \cdot 3^2 \cdot 5 \cdot 59$
11	$47 \cdot 113$
12	$2^6 \cdot 83$
13	$3 \cdot 7 \cdot 11 \cdot 23$
20	$2^3 \cdot 5 \cdot 7 \cdot 19$
24	$2^2 \cdot 11^3$
25	$3 \cdot 5^2 \cdot 71$
28	$2^4 \cdot 3^2 \cdot 37$
29	73^2
30	$2 \cdot 5 \cdot 13 \cdot 41$
32	$2^2 \cdot 31 \cdot 43$
34	$2 \cdot 3 \cdot 7 \cdot 127$
35	$5 \cdot 11 \cdot 97$
36	$2^3 \cdot 23 \cdot 29$
40	$2^2 \cdot 3 \cdot 5 \cdot 89$
41	$7^2 \cdot 109$
46	$2 \cdot 3^5 \cdot 11$
50	$2 \cdot 5^2 \cdot 107$
53	$53 \cdot 101$
55	$3^2 \cdot 5 \cdot 7 \cdot 17$
56	$2^2 \cdot 13 \cdot 103$
58	$2 \cdot 3 \cdot 19 \cdot 47$
60	$2^4 \cdot 5 \cdot 67$
65	$5 \cdot 29 \cdot 37$
68	$2^3 \cdot 11 \cdot 61$
69	$7 \cdot 13 \cdot 59$
72	$2^2 \cdot 17 \cdot 79$
75	$5^3 \cdot 43$
76	$2^8 \cdot 3 \cdot 7$
82	$2 \cdot 3^2 \cdot 13 \cdot 23$
90	$2 \cdot 5 \cdot 7^2 \cdot 11$
94	$2 \cdot 3 \cdot 29 \cdot 31$

5300

95	$5 \cdot 13 \cdot 83$
96	$2^2 \cdot 19 \cdot 71$

5400

0	$2^3 \cdot 3^3 \cdot 5^2$
2	$2 \cdot 37 \cdot 73$
5	$5 \cdot 23 \cdot 47$
6	$2 \cdot 3 \cdot 17 \cdot 53$
8	$2^5 \cdot 13^2$
12	$2^2 \cdot 3 \cdot 11 \cdot 41$
15	$3 \cdot 5 \cdot 19^2$
18	$2 \cdot 3^2 \cdot 7 \cdot 43$
23	$11 \cdot 17 \cdot 29$
24	$2^4 \cdot 3 \cdot 113$
25	$5^2 \cdot 7 \cdot 31$
27	$3^4 \cdot 67$
28	$2^2 \cdot 23 \cdot 59$
29	$61 \cdot 89$
32	$2^3 \cdot 7 \cdot 97$
34	$2 \cdot 11 \cdot 13 \cdot 19$
39	$3 \cdot 7^2 \cdot 37$
40	$2^6 \cdot 5 \cdot 17$
45	$3^2 \cdot 5 \cdot 11^2$
50	$2 \cdot 5^2 \cdot 109$
51	$3 \cdot 23 \cdot 79$
52	$2^2 \cdot 29 \cdot 47$
53	$7 \cdot 19 \cdot 41$
54	$2 \cdot 3^3 \cdot 101$
56	$2^4 \cdot 11 \cdot 31$
57	$3 \cdot 17 \cdot 107$
59	$53 \cdot 103$
60	$2^2 \cdot 3 \cdot 5 \cdot 7 \cdot 13$
61	$43 \cdot 127$
67	$7 \cdot 11 \cdot 71$
72	$2^5 \cdot 3^2 \cdot 19$
74	$2 \cdot 7 \cdot 17 \cdot 23$
75	$3 \cdot 5^2 \cdot 73$
76	$2^2 \cdot 37^2$
78	$2 \cdot 3 \cdot 11 \cdot 83$
81	$3^3 \cdot 7 \cdot 29$
87	$3 \cdot 31 \cdot 59$
88	$2^4 \cdot 7^3$
90	$2 \cdot 3^2 \cdot 5 \cdot 61$
91	$17^2 \cdot 19$
94	$2 \cdot 41 \cdot 67$
99	$3^2 \cdot 13 \cdot 47$

5500

0	$2^2 \cdot 5^3 \cdot 11$
4	$2^7 \cdot 43$
8	$2^2 \cdot 3^4 \cdot 17$
10	$2 \cdot 5 \cdot 19 \cdot 29$
12	$2^3 \cdot 13 \cdot 53$
18	$2 \cdot 31 \cdot 89$
20	$2^4 \cdot 3 \cdot 5 \cdot 23$
25	$5^2 \cdot 13 \cdot 17$
29	$3 \cdot 19 \cdot 97$
30	$2 \cdot 5 \cdot 7 \cdot 79$
35	$3^3 \cdot 5 \cdot 41$
37	$7^2 \cdot 113$
38	$2 \cdot 3 \cdot 13 \cdot 71$
44	$2^3 \cdot 3^2 \cdot 7 \cdot 11$
46	$2 \cdot 47 \cdot 59$
47	$3 \cdot 43^2$
48	$2^2 \cdot 19 \cdot 73$
50	$2 \cdot 3 \cdot 5^2 \cdot 37$
51	$7 \cdot 13 \cdot 61$
55	$5 \cdot 11 \cdot 101$
59	$3 \cdot 17 \cdot 109$
61	$67 \cdot 83$
62	$2 \cdot 3^3 \cdot 103$
64	$2^2 \cdot 13 \cdot 107$
65	$3 \cdot 5 \cdot 7 \cdot 53$
66	$2 \cdot 11^2 \cdot 23$
68	$2^6 \cdot 3 \cdot 29$
76	$2^3 \cdot 17 \cdot 41$
77	$3 \cdot 11 \cdot 13^2$
80	$2^3 \cdot 3^2 \cdot 5 \cdot 31$
86	$2 \cdot 3 \cdot 7^2 \cdot 19$

5500 (Forts.)

88	$2^2 \cdot 11 \cdot 127$
89	$3^5 \cdot 23$
90	$2 \cdot 5 \cdot 13 \cdot 43$
93	$7 \cdot 17 \cdot 47$

5600

0	$2^5 \cdot 5^2 \cdot 7$
5	$5 \cdot 19 \cdot 59$
7	$3^2 \cdot 7 \cdot 89$
9	$71 \cdot 79$
10	$2 \cdot 3 \cdot 5 \cdot 11 \cdot 17$
12	$2^2 \cdot 23 \cdot 61$
16	$2^4 \cdot 3^3 \cdot 13$
18	$2 \cdot 53^2$
21	$7 \cdot 11 \cdot 73$
24	$2^3 \cdot 19 \cdot 37$
25	$3^2 \cdot 5^4$
26	$2 \cdot 29 \cdot 97$
28	$2^2 \cdot 3 \cdot 7 \cdot 67$
32	$2^9 \cdot 11$
35	$5 \cdot 7^2 \cdot 23$
40	$2^3 \cdot 3 \cdot 5 \cdot 47$
42	$2 \cdot 7 \cdot 13 \cdot 31$
43	$3^3 \cdot 11 \cdot 19$
44	$2^2 \cdot 17 \cdot 83$
50	$2 \cdot 5^2 \cdot 113$
55	$3 \cdot 5 \cdot 13 \cdot 29$
56	$2^3 \cdot 7 \cdot 101$
58	$2 \cdot 3 \cdot 23 \cdot 41$
61	$3^2 \cdot 17 \cdot 37$
64	$2^5 \cdot 3 \cdot 59$
65	$5 \cdot 11 \cdot 103$
68	$2^2 \cdot 13 \cdot 109$
70	$2 \cdot 3^4 \cdot 5 \cdot 7$
71	$53 \cdot 107$
73	$3 \cdot 31 \cdot 61$
80	$2^4 \cdot 5 \cdot 71$
81	$13 \cdot 19 \cdot 23$
84	$2^2 \cdot 7^2 \cdot 29$
87	$11^2 \cdot 47$
88	$2^3 \cdot 3^2 \cdot 79$
94	$2 \cdot 3 \cdot 13 \cdot 73$
95	$2 \cdot 17 \cdot 67$
96	$2^6 \cdot 89$
98	$2 \cdot 7 \cdot 11 \cdot 37$

5700

0	$2^2 \cdot 3 \cdot 5^2 \cdot 19$
4	$2^3 \cdot 23 \cdot 31$
12	$2^4 \cdot 3 \cdot 7 \cdot 17$
15	$3^2 \cdot 5 \cdot 127$
19	$7 \cdot 19 \cdot 43$
20	$2^3 \cdot 5 \cdot 11 \cdot 13$
23	$59 \cdot 97$
24	$2^2 \cdot 3^3 \cdot 53$
27	$3 \cdot 23 \cdot 83$
33	$3^2 \cdot 7^2 \cdot 13$
34	$2 \cdot 47 \cdot 61$
35	$5 \cdot 31 \cdot 37$
40	$2^2 \cdot 5 \cdot 7 \cdot 41$
42	$2 \cdot 3^2 \cdot 11 \cdot 29$
46	$2 \cdot 13^2 \cdot 17$
50	$2 \cdot 5^3 \cdot 23$
51	$3^4 \cdot 71$
57	$3 \cdot 19 \cdot 101$
60	$2^7 \cdot 3^2 \cdot 5$
62	$3 \cdot 43 \cdot 67$
63	$3 \cdot 17 \cdot 113$
66	$2 \cdot 3 \cdot 31^2$
67	$73 \cdot 79$
68	$2^3 \cdot 7 \cdot 103$
72	$2^2 \cdot 3 \cdot 13 \cdot 37$
75	$3 \cdot 5^2 \cdot 7 \cdot 11$
76	$2^4 \cdot 19^2$
77	$53 \cdot 109$
78	$2 \cdot 3^3 \cdot 107$
80	$2^2 \cdot 5 \cdot 17^2$
81	$3 \cdot 41 \cdot 47$
82	$2 \cdot 7^2 \cdot 59$

5700 (Forts.)

85	$5 \cdot 13 \cdot 89$
95	$5 \cdot 19 \cdot 61$
96	$2^2 \cdot 3^2 \cdot 7 \cdot 23$
97	$11 \cdot 17 \cdot 31$

5800

0	$2^3 \cdot 5^2 \cdot 29$
5	$3^3 \cdot 5 \cdot 43$
8	$2^4 \cdot 3 \cdot 11^2$
10	$2 \cdot 5 \cdot 7 \cdot 83$
14	$2 \cdot 3^2 \cdot 17 \cdot 19$
19	$11 \cdot 23^2$
20	$2^2 \cdot 3 \cdot 5 \cdot 97$
22	$2 \cdot 41 \cdot 71$
24	$2^6 \cdot 7 \cdot 13$
28	$2^2 \cdot 31 \cdot 47$
29	$3 \cdot 29 \cdot 67$
30	$2 \cdot 5 \cdot 11 \cdot 53$
31	$7^3 \cdot 17$
32	$2^3 \cdot 3^6$
40	$2^4 \cdot 5 \cdot 73$
41	$3^2 \cdot 11 \cdot 59$
42	$2 \cdot 23 \cdot 127$
46	$2 \cdot 37 \cdot 79$
48	$2^3 \cdot 17 \cdot 43$
50	$2 \cdot 3^2 \cdot 5^2 \cdot 13$
52	$2^2 \cdot 7 \cdot 11 \cdot 19$
56	$2^5 \cdot 3 \cdot 61$
58	$2 \cdot 29 \cdot 101$
59	$3^3 \cdot 7 \cdot 31$
63	$11 \cdot 13 \cdot 41$
71	$3 \cdot 19 \cdot 103$
74	$2 \cdot 3 \cdot 11 \cdot 89$
75	$5^3 \cdot 47$
76	$2^2 \cdot 13 \cdot 113$
80	$2^3 \cdot 3 \cdot 5 \cdot 7^2$
83	$3 \cdot 37 \cdot 53$
85	$5 \cdot 11 \cdot 107$
86	$2 \cdot 3^3 \cdot 109$
87	$7 \cdot 29^2$
88	$2^8 \cdot 23$
90	$2 \cdot 5 \cdot 19 \cdot 31$
93	$71 \cdot 83$
96	$2^3 \cdot 11 \cdot 67$

5900

0	$2^2 \cdot 5^2 \cdot 59$
4	$2^4 \cdot 3^2 \cdot 41$
13	$3^4 \cdot 73$
15	$5 \cdot 7 \cdot 13^2$
16	$2^2 \cdot 3 \cdot 17 \cdot 29$
17	$61 \cdot 97$
20	$2^5 \cdot 5 \cdot 37$
22	$2 \cdot 3^2 \cdot 7 \cdot 47$
25	$3 \cdot 5^2 \cdot 79$
28	$2^3 \cdot 3 \cdot 13 \cdot 19$
29	$7^2 \cdot 11^2$
34	$2 \cdot 3 \cdot 23 \cdot 43$
36	$2^4 \cdot 7 \cdot 53$
40	$2^2 \cdot 3^3 \cdot 5 \cdot 11$
45	$5 \cdot 29 \cdot 41$
50	$2 \cdot 5^2 \cdot 7 \cdot 17$
52	$2^6 \cdot 3 \cdot 31$
57	$7 \cdot 23 \cdot 37$
59	$59 \cdot 101$
63	$67 \cdot 89$
64	$2^2 \cdot 3 \cdot 7 \cdot 71$
67	$3^3 \cdot 13 \cdot 17$
69	$47 \cdot 127$
74	$2 \cdot 29 \cdot 103$
76	$2^3 \cdot 3^2 \cdot 83$
78	$2 \cdot 7^2 \cdot 61$
80	$2^2 \cdot 5 \cdot 13 \cdot 23$
84	$2^5 \cdot 11 \cdot 17$
85	$3^2 \cdot 5 \cdot 7 \cdot 19$
86	$2 \cdot 41 \cdot 73$
89	$53 \cdot 113$
92	$2^3 \cdot 7 \cdot 107$
94	$2 \cdot 3^4 \cdot 37$
95	$5 \cdot 11 \cdot 109$

6000

0	$2^4 \cdot 3 \cdot 5^3$
3	$3^2 \cdot 23 \cdot 29$
4	$2^2 \cdot 19 \cdot 79$
6	$2 \cdot 3 \cdot 7 \cdot 11 \cdot 13$
14	$2 \cdot 31 \cdot 97$
16	$2^7 \cdot 47$
18	$2 \cdot 3 \cdot 17 \cdot 59$
20	$2^2 \cdot 5 \cdot 7 \cdot 43$
27	$3 \cdot 7^2 \cdot 41$
30	$2 \cdot 3^2 \cdot 5 \cdot 67$
32	$2^4 \cdot 13 \cdot 29$
35	$5 \cdot 17 \cdot 71$
39	$3^2 \cdot 11 \cdot 61$
42	$2 \cdot 3 \cdot 19 \cdot 53$
45	$3 \cdot 5 \cdot 13 \cdot 31$
48	$2^5 \cdot 3^3 \cdot 7$
50	$2 \cdot 5^2 \cdot 11^2$
52	$2^2 \cdot 17 \cdot 89$
59	$73 \cdot 83$
60	$2^2 \cdot 3 \cdot 5 \cdot 101$
61	$11 \cdot 19 \cdot 29$
63	$3 \cdot 43 \cdot 47$
68	$2^2 \cdot 37 \cdot 41$
69	$3 \cdot 7 \cdot 17^2$
72	$2^3 \cdot 3 \cdot 11 \cdot 23$
75	$3^5 \cdot 5^2$
76	$2^2 \cdot 7^2 \cdot 31$
77	$59 \cdot 103$
80	$2^6 \cdot 5 \cdot 19$
83	$7 \cdot 11 \cdot 79$
84	$2^2 \cdot 3^2 \cdot 13^2$
90	$2 \cdot 3 \cdot 5 \cdot 7 \cdot 29$
95	$5 \cdot 23 \cdot 53$
96	$2^4 \cdot 3 \cdot 127$
97	$7 \cdot 13 \cdot 67$
99	$3 \cdot 19 \cdot 107$

6100

0	$2^2 \cdot 5^2 \cdot 61$
2	$2 \cdot 3^3 \cdot 113$
4	$2^3 \cdot 7 \cdot 109$
5	$3 \cdot 5 \cdot 11 \cdot 37$
6	$2 \cdot 43 \cdot 71$
10	$2 \cdot 5 \cdot 13 \cdot 47$
11	$3^2 \cdot 7 \cdot 97$
18	$2 \cdot 7 \cdot 19 \cdot 23$
20	$2^3 \cdot 3^2 \cdot 5 \cdot 17$
25	$5^3 \cdot 7^2$
32	$2^2 \cdot 3 \cdot 7 \cdot 73$
36	$2^3 \cdot 13 \cdot 59$
37	$17 \cdot 19^2$
38	$2 \cdot 3^2 \cdot 11 \cdot 31$
41	$3 \cdot 23 \cdot 89$
42	$2 \cdot 37 \cdot 83$
44	$2^{11} \cdot 3$
48	$2^2 \cdot 29 \cdot 53$
49	$11 \cdot 13 \cdot 43$
50	$2 \cdot 3 \cdot 5^2 \cdot 41$
56	$2^2 \cdot 3^4 \cdot 19$
60	$2^4 \cdot 5 \cdot 7 \cdot 11$
61	$61 \cdot 101$
62	$2 \cdot 3 \cdot 13 \cdot 79$
64	$2^2 \cdot 23 \cdot 67$
71	$3 \cdot 11^2 \cdot 17$
74	$2 \cdot 3^2 \cdot 7^3$
75	$5^2 \cdot 13 \cdot 19$
77	$3 \cdot 29 \cdot 71$
80	$2^2 \cdot 3 \cdot 5 \cdot 103$
88	$2^2 \cdot 7 \cdot 13 \cdot 17$
92	$2^4 \cdot 3^2 \cdot 43$
95	$3 \cdot 5 \cdot 7 \cdot 59$

6200

0	$2^3 \cdot 5^2 \cdot 31$
1	$3^2 \cdot 13 \cdot 53$
4	$2^2 \cdot 3 \cdot 11 \cdot 47$
5	$5 \cdot 17 \cdot 73$
6	$2 \cdot 29 \cdot 107$
8	$2^6 \cdot 97$

6200 (Forts.)

10	$2 \cdot 3^3 \cdot 5 \cdot 23$
13	$3 \cdot 19 \cdot 109$
15	$5 \cdot 11 \cdot 113$
16	$2^3 \cdot 3 \cdot 7 \cdot 37$
22	$2 \cdot 3 \cdot 17 \cdot 61$
23	$7^2 \cdot 127$
25	$3 \cdot 5^2 \cdot 83$
30	$2 \cdot 5 \cdot 7 \cdot 89$
31	$3 \cdot 31 \cdot 67$
32	$2^3 \cdot 19 \cdot 41$
35	$5 \cdot 29 \cdot 43$
37	$3^4 \cdot 7 \cdot 11$
40	$2^5 \cdot 3 \cdot 5 \cdot 13$
41	79^2
48	$2^3 \cdot 11 \cdot 71$
50	$2 \cdot 5^5$
51	$7 \cdot 19 \cdot 47$
53	$13^2 \cdot 37$
54	$2 \cdot 53 \cdot 59$
56	$2^4 \cdot 17 \cdot 23$
62	$2 \cdot 31 \cdot 101$
64	$2^3 \cdot 3^3 \cdot 29$
70	$2 \cdot 3 \cdot 5 \cdot 11 \cdot 19$
72	$2^7 \cdot 7^2$
73	$3^2 \cdot 17 \cdot 41$
78	$2 \cdot 43 \cdot 73$
79	$3 \cdot 7 \cdot 13 \cdot 23$
83	$61 \cdot 103$
90	$2 \cdot 5 \cdot 17 \cdot 37$
92	$2^2 \cdot 11^2 \cdot 13$
93	$7 \cdot 29 \cdot 31$
98	$2 \cdot 47 \cdot 67$

6300

0	$2^2 \cdot 3^2 \cdot 5^2 \cdot 7$
5	$5 \cdot 13 \cdot 97$
7	$7 \cdot 17 \cdot 53$
8	$2^2 \cdot 19 \cdot 83$
13	$59 \cdot 107$
14	$2 \cdot 7 \cdot 11 \cdot 41$
18	$2 \cdot 3^5 \cdot 13$
19	$71 \cdot 89$
20	$2^4 \cdot 5 \cdot 79$
21	$3 \cdot 7^2 \cdot 43$
22	$2 \cdot 29 \cdot 109$
24	$2^2 \cdot 3 \cdot 17 \cdot 31$
25	$5^2 \cdot 11 \cdot 23$
27	$3^2 \cdot 19 \cdot 37$
28	$2^3 \cdot 7 \cdot 113$
36	$2^6 \cdot 3^2 \cdot 11$
44	$2^3 \cdot 13 \cdot 61$
45	$3^3 \cdot 5 \cdot 47$
48	$2^2 \cdot 3 \cdot 23^2$
50	$2 \cdot 5^2 \cdot 127$
51	$3 \cdot 29 \cdot 73$
55	$5 \cdot 31 \cdot 41$
58	$2 \cdot 11 \cdot 17^2$
60	$2^3 \cdot 3 \cdot 5 \cdot 53$
63	$3^2 \cdot 7 \cdot 101$
64	$2^2 \cdot 37 \cdot 43$
65	$5 \cdot 19 \cdot 67$
70	$2 \cdot 5 \cdot 7^2 \cdot 13$
72	$2^2 \cdot 3^3 \cdot 59$
75	$3 \cdot 5^3 \cdot 17$
80	$2^2 \cdot 5 \cdot 11 \cdot 29$
84	$2^4 \cdot 3 \cdot 7 \cdot 19$
86	$2 \cdot 31 \cdot 103$
90	$2 \cdot 3^2 \cdot 5 \cdot 71$
91	$7 \cdot 11 \cdot 83$
92	$2^3 \cdot 17 \cdot 47$
96	$2^2 \cdot 3 \cdot 13 \cdot 41$
99	$3^4 \cdot 79$

6400

0	$2^8 \cdot 5^2$
2	$2 \cdot 3 \cdot 11 \cdot 97$
5	$3 \cdot 5 \cdot 7 \cdot 61$
8	$2^3 \cdot 3^2 \cdot 89$
9	$13 \cdot 17 \cdot 29$

6400

13	$11^2 \cdot 53$
17	$3^2 \cdot 23 \cdot 31$
20	$2^2 \cdot 3 \cdot 5 \cdot 107$
22	$2 \cdot 13^2 \cdot 19$
24	$2^3 \cdot 11 \cdot 73$
26	$2 \cdot 3^3 \cdot 7 \cdot 17$
31	$59 \cdot 109$
32	$2^5 \cdot 3 \cdot 67$
35	$3^2 \cdot 5 \cdot 11 \cdot 13$
38	$2 \cdot 3 \cdot 29 \cdot 37$
40	$2^3 \cdot 5 \cdot 7 \cdot 23$
41	$3 \cdot 19 \cdot 113$
48	$2^4 \cdot 13 \cdot 31$
50	$2 \cdot 3 \cdot 5^2 \cdot 43$
60	$2^2 \cdot 5 \cdot 17 \cdot 19$
61	$7 \cdot 13 \cdot 71$
64	$2^6 \cdot 101$
66	$2 \cdot 53 \cdot 61$
68	$2^2 \cdot 3 \cdot 7^2 \cdot 11$
74	$2 \cdot 3 \cdot 13 \cdot 83$
75	$5^2 \cdot 7 \cdot 37$
77	$3 \cdot 17 \cdot 127$
78	$2 \cdot 41 \cdot 79$
79	$11 \cdot 19 \cdot 31$
80	$2^4 \cdot 3^4 \cdot 5$
86	$2 \cdot 3 \cdot 23 \cdot 47$
89	$3^2 \cdot 7 \cdot 103$
90	$2 \cdot 5 \cdot 11 \cdot 59$
96	$2^5 \cdot 7 \cdot 29$
97	$73 \cdot 89$
98	$2 \cdot 3^2 \cdot 19^2$
99	$67 \cdot 97$

6500

0	$2^2 \cdot 5^3 \cdot 13$
10	$2 \cdot 3 \cdot 5 \cdot 7 \cdot 31$
12	$2^4 \cdot 11 \cdot 37$
17	$7^3 \cdot 19$
19	$3 \cdot 41 \cdot 53$
25	$3^2 \cdot 5^2 \cdot 29$
27	$61 \cdot 107$
28	$2^7 \cdot 3 \cdot 17$
32	$2^2 \cdot 23 \cdot 71$
34	$2 \cdot 3^3 \cdot 11^2$
36	$2^3 \cdot 19 \cdot 43$
40	$2^2 \cdot 3 \cdot 5 \cdot 109$
45	$5 \cdot 7 \cdot 11 \cdot 17$
49	$3 \cdot 37 \cdot 59$
52	$2^3 \cdot 3^2 \cdot 7 \cdot 13$
54	$2 \cdot 29 \cdot 113$
55	$3 \cdot 5 \cdot 19 \cdot 23$
57	$79 \cdot 83$
60	$2^5 \cdot 5 \cdot 41$
61	3^8
65	$5 \cdot 13 \cdot 101$
66	$2 \cdot 7^2 \cdot 67$
70	$2 \cdot 3^2 \cdot 5 \cdot 73$
72	$2^2 \cdot 31 \cdot 53$
78	$2 \cdot 11 \cdot 13 \cdot 23$
79	$3^2 \cdot 17 \cdot 43$
80	$2^2 \cdot 5 \cdot 7 \cdot 47$
86	$2 \cdot 37 \cdot 89$
88	$2^2 \cdot 3^3 \cdot 61$
91	$3 \cdot 13^3$
92	$2^6 \cdot 103$
96	$2^2 \cdot 17 \cdot 97$

6600

0	$2^3 \cdot 3 \cdot 5^2 \cdot 11$
1	$7 \cdot 23 \cdot 41$
3	$3 \cdot 31 \cdot 71$
4	$2^2 \cdot 13 \cdot 127$
8	$2^4 \cdot 7 \cdot 59$
12	$2^2 \cdot 3 \cdot 19 \cdot 29$
15	$3^3 \cdot 5 \cdot 7^2$
22	$2 \cdot 7 \cdot 11 \cdot 43$
24	$2^5 \cdot 3^2 \cdot 23$
25	$5^3 \cdot 53$
27	$3 \cdot 47^2$

6600

30	$2 \cdot 3 \cdot 5 \cdot 13 \cdot 17$
33	$3^2 \cdot 11 \cdot 67$
34	$2 \cdot 31 \cdot 107$
36	$2^2 \cdot 3 \cdot 7 \cdot 79$
40	$2^4 \cdot 5 \cdot 83$
42	$2 \cdot 3^4 \cdot 41$
43	$7 \cdot 13 \cdot 73$
47	$17^2 \cdot 23$
49	$61 \cdot 109$
50	$2 \cdot 5^2 \cdot 7 \cdot 19$
55	$5 \cdot 11^3$
56	$2^9 \cdot 13$
60	$2^2 \cdot 3^2 \cdot 5 \cdot 37$
64	$2^3 \cdot 7^2 \cdot 17$
65	$5 \cdot 31 \cdot 43$
66	$2 \cdot 3 \cdot 11 \cdot 101$
67	$59 \cdot 113$
69	$3^3 \cdot 13 \cdot 19$
70	$2 \cdot 5 \cdot 23 \cdot 29$
74	$2 \cdot 47 \cdot 71$
75	$3 \cdot 5^2 \cdot 89$
78	$2 \cdot 3^2 \cdot 7 \cdot 53$
88	$2^5 \cdot 11 \cdot 19$
93	$3 \cdot 23 \cdot 97$
95	$5 \cdot 13 \cdot 103$
96	$2^3 \cdot 3^3 \cdot 31$
99	$3 \cdot 7 \cdot 11 \cdot 29$

6700

0	$2^2 \cdot 5^2 \cdot 67$
8	$2^2 \cdot 3 \cdot 13 \cdot 43$
10	$2 \cdot 5 \cdot 11 \cdot 61$
15	$5 \cdot 17 \cdot 79$
16	$2^2 \cdot 23 \cdot 73$
20	$2^6 \cdot 3 \cdot 5 \cdot 7$
21	$11 \cdot 13 \cdot 47$
23	$3^4 \cdot 83$
24	$2^2 \cdot 41^2$
26	$2 \cdot 3 \cdot 19 \cdot 59$
27	$7 \cdot 31^2$
28	$2^3 \cdot 29^2$
31	$53 \cdot 127$
32	$2^2 \cdot 3^2 \cdot 11 \cdot 17$
34	$2 \cdot 7 \cdot 13 \cdot 37$
41	$3^2 \cdot 7 \cdot 107$
45	$5 \cdot 19 \cdot 71$
50	$2 \cdot 3^3 \cdot 5^3$
58	$2 \cdot 31 \cdot 109$
60	$2^3 \cdot 5 \cdot 13^2$
62	$2 \cdot 3 \cdot 7^2 \cdot 23$
64	$2^2 \cdot 19 \cdot 89$
65	$3 \cdot 5 \cdot 11 \cdot 41$
67	$67 \cdot 101$
68	$2^4 \cdot 3^2 \cdot 47$
71	$3 \cdot 37 \cdot 61$
76	$2^3 \cdot 7 \cdot 11^2$
80	$2^2 \cdot 3 \cdot 5 \cdot 113$
83	$3 \cdot 7 \cdot 17 \cdot 19$
84	$2^7 \cdot 53$
85	$5 \cdot 23 \cdot 59$
86	$2 \cdot 3^2 \cdot 13 \cdot 29$
89	$3 \cdot 31 \cdot 73$
90	$2 \cdot 5 \cdot 7 \cdot 97$
94	$2 \cdot 43 \cdot 79$
98	$2 \cdot 3 \cdot 11 \cdot 103$

6800

0	$2^4 \cdot 5^2 \cdot 17$
4	$2^2 \cdot 3^5 \cdot 7$
6	$2 \cdot 41 \cdot 83$
8	$2^3 \cdot 23 \cdot 37$
15	$5 \cdot 29 \cdot 47$
16	$2^5 \cdot 3 \cdot 71$
20	$2^2 \cdot 5 \cdot 11 \cdot 31$
25	$3 \cdot 5^3 \cdot 7 \cdot 13$
31	$3^3 \cdot 11 \cdot 23$
32	$2^4 \cdot 7 \cdot 61$
34	$2 \cdot 3 \cdot 17 \cdot 67$
37	$3 \cdot 43 \cdot 53$

6800

40	$2^3 \cdot 3^2 \cdot 5 \cdot 19$
44	$2^2 \cdot 29 \cdot 59$
45	$5 \cdot 37^2$
48	$2^6 \cdot 107$
51	$13 \cdot 17 \cdot 31$
53	$7 \cdot 11 \cdot 89$
58	$2 \cdot 3^3 \cdot 127$
59	19^3
60	$2^2 \cdot 5 \cdot 7^3$
62	$2 \cdot 47 \cdot 73$
64	$2^4 \cdot 3 \cdot 11 \cdot 13$
67	$3^2 \cdot 7 \cdot 109$
68	$2^2 \cdot 17 \cdot 101$
73	$3 \cdot 29 \cdot 79$
75	$5^4 \cdot 11$
77	$13 \cdot 23^2$
80	$2^5 \cdot 5 \cdot 43$
82	$2 \cdot 3 \cdot 31 \cdot 37$
85	$3^4 \cdot 5 \cdot 17$
87	$71 \cdot 97$
88	$2^3 \cdot 3 \cdot 7 \cdot 41$
89	83^2
90	$2 \cdot 5 \cdot 13 \cdot 53$
93	$61 \cdot 113$
97	$3 \cdot 11^2 \cdot 19$

6900

0	$2^2 \cdot 3 \cdot 5^2 \cdot 23$
1	$67 \cdot 103$
2	$2 \cdot 7 \cdot 17 \cdot 29$
3	$3^2 \cdot 13 \cdot 59$
9	$3 \cdot 7^2 \cdot 47$
12	$2^8 \cdot 3^3$
16	$2^2 \cdot 7 \cdot 13 \cdot 19$
19	$11 \cdot 17 \cdot 37$
23	$7 \cdot 23 \cdot 43$
29	$13^2 \cdot 41$
30	$2 \cdot 3^2 \cdot 5 \cdot 7 \cdot 11$
35	$5 \cdot 19 \cdot 73$
36	$2^3 \cdot 3 \cdot 17^2$
42	$2 \cdot 3 \cdot 13 \cdot 89$
44	$2^5 \cdot 7 \cdot 31$
52	$2^3 \cdot 11 \cdot 79$
54	$2 \cdot 3 \cdot 19 \cdot 61$
55	$5 \cdot 13 \cdot 107$
56	$2^2 \cdot 37 \cdot 47$
58	$2 \cdot 7^2 \cdot 71$
60	$2^4 \cdot 3 \cdot 5 \cdot 29$
62	$2 \cdot 59^2$
66	$2 \cdot 3^4 \cdot 43$
68	$2^3 \cdot 13 \cdot 67$
69	$3 \cdot 23 \cdot 101$
70	$2 \cdot 5 \cdot 17 \cdot 41$
72	$2^2 \cdot 3 \cdot 7 \cdot 83$
75	$3^2 \cdot 5^2 \cdot 31$
76	$2^6 \cdot 109$
84	$2^3 \cdot 3^2 \cdot 97$
85	$5 \cdot 11 \cdot 127$
92	$2^4 \cdot 19 \cdot 23$
93	$3^3 \cdot 7 \cdot 37$
96	$2^2 \cdot 3 \cdot 11 \cdot 53$

7000

0	$2^3 \cdot 5^3 \cdot 7$
4	$2^2 \cdot 17 \cdot 103$
6	$2 \cdot 31 \cdot 113$
7	$7^2 \cdot 11 \cdot 13$
8	$2^5 \cdot 3 \cdot 73$
11	$3^2 \cdot 19 \cdot 41$
15	$5 \cdot 23 \cdot 61$
18	$2 \cdot 11^2 \cdot 29$
20	$2^2 \cdot 3^3 \cdot 5 \cdot 13$
21	$7 \cdot 17 \cdot 59$
29	$3^2 \cdot 11 \cdot 71$
30	$2 \cdot 5 \cdot 19 \cdot 37$
31	$79 \cdot 89$
35	$3 \cdot 5 \cdot 7 \cdot 67$
38	$2 \cdot 3^2 \cdot 17 \cdot 23$
40	$2^7 \cdot 5 \cdot 11$

7000

47	$3^5 \cdot 29$
49	$7 \cdot 19 \cdot 53$
50	$2 \cdot 3 \cdot 5^2 \cdot 47$
52	$2^2 \cdot 41 \cdot 43$
55	$5 \cdot 17 \cdot 83$
56	$2^4 \cdot 3^2 \cdot 7^2$
62	$2 \cdot 3 \cdot 11 \cdot 107$
68	$2^2 \cdot 3 \cdot 19 \cdot 31$
70	$2 \cdot 5 \cdot 7 \cdot 101$
72	$2^5 \cdot 13 \cdot 17$
76	$2^2 \cdot 29 \cdot 61$
80	$2^3 \cdot 3 \cdot 5 \cdot 59$
81	$73 \cdot 97$
84	$2^2 \cdot 7 \cdot 11 \cdot 23$
85	$5 \cdot 13 \cdot 109$
95	$3 \cdot 5 \cdot 11 \cdot 43$
98	$2 \cdot 3 \cdot 7 \cdot 13^2$

7100

0	$2^2 \cdot 5^2 \cdot 71$
2	$2 \cdot 53 \cdot 67$
4	$2^6 \cdot 3 \cdot 37$
5	$5 \cdot 7^2 \cdot 29$
6	$2 \cdot 11 \cdot 17 \cdot 19$
7	$3 \cdot 23 \cdot 103$
10	$2 \cdot 3^2 \cdot 5 \cdot 79$
12	$2^3 \cdot 7 \cdot 127$
19	$3^2 \cdot 7 \cdot 113$
20	$2^4 \cdot 5 \cdot 89$
25	$3 \cdot 5^3 \cdot 19$
28	$2^3 \cdot 3^4 \cdot 11$
30	$2 \cdot 5 \cdot 23 \cdot 31$
34	$2 \cdot 3 \cdot 29 \cdot 41$
37	$3^2 \cdot 13 \cdot 61$
38	$2 \cdot 43 \cdot 83$
39	$11^2 \cdot 59$
40	$2^2 \cdot 3 \cdot 5 \cdot 7 \cdot 17$
44	$2^3 \cdot 19 \cdot 47$
50	$2 \cdot 5^2 \cdot 11 \cdot 13$
54	$2 \cdot 7^2 \cdot 73$
55	$3^3 \cdot 5 \cdot 53$
61	$3 \cdot 7 \cdot 11 \cdot 31$
63	$13 \cdot 19 \cdot 29$
68	$2^{10} \cdot 7$
69	$67 \cdot 107$
71	$71 \cdot 101$
75	$5^2 \cdot 7 \cdot 41$
76	$2^3 \cdot 3 \cdot 13 \cdot 23$
78	$2 \cdot 37 \cdot 97$
82	$2 \cdot 3^3 \cdot 7 \cdot 19$
89	$7 \cdot 13 \cdot 79$
91	$3^2 \cdot 17 \cdot 47$
92	$2^3 \cdot 29 \cdot 31$
94	$2 \cdot 3 \cdot 11 \cdot 109$
98	$2 \cdot 59 \cdot 61$

7200

0	$2^5 \cdot 3^2 \cdot 5^2$
3	$3 \cdot 7^4$
8	$2^3 \cdot 17 \cdot 53$
9	$3^4 \cdot 89$
10	$2 \cdot 5 \cdot 7 \cdot 103$
15	$3 \cdot 5 \cdot 13 \cdot 37$
16	$2^4 \cdot 11 \cdot 41$
20	$2^2 \cdot 5 \cdot 19^2$
21	$3 \cdot 29 \cdot 83$
24	$2^3 \cdot 3 \cdot 7 \cdot 43$
25	$5^2 \cdot 17^2$
27	$3^2 \cdot 11 \cdot 73$
32	$2^6 \cdot 113$
36	$2^2 \cdot 3^3 \cdot 67$
38	$2 \cdot 7 \cdot 11 \cdot 47$
39	$3 \cdot 19 \cdot 127$
42	$2 \cdot 3 \cdot 17 \cdot 71$
45	$3^2 \cdot 5 \cdot 7 \cdot 23$
50	$2 \cdot 5^3 \cdot 29$
52	$2^2 \cdot 7^2 \cdot 37$
54	$2 \cdot 3^2 \cdot 13 \cdot 31$
57	$3 \cdot 41 \cdot 59$

7200

59	$7 \cdot 17 \cdot 61$
60	$2^2 \cdot 3 \cdot 5 \cdot 11^2$
67	$13^2 \cdot 43$
68	$2^2 \cdot 23 \cdot 79$
72	$2^3 \cdot 3^2 \cdot 101$
75	$3 \cdot 5^2 \cdot 97$
76	$2^2 \cdot 17 \cdot 107$
80	$2^4 \cdot 5 \cdot 7 \cdot 13$
85	$5 \cdot 31 \cdot 47$
90	$2 \cdot 3^6 \cdot 5$
93	$3 \cdot 11 \cdot 13 \cdot 17$
96	$2^7 \cdot 3 \cdot 19$
98	$2 \cdot 41 \cdot 89$

7300

0	$2^2 \cdot 5^2 \cdot 73$
3	$67 \cdot 109$
4	$2^3 \cdot 11 \cdot 83$
8	$2^2 \cdot 3^2 \cdot 7 \cdot 29$
10	$2 \cdot 5 \cdot 17 \cdot 43$
13	$71 \cdot 103$
14	$2 \cdot 3 \cdot 23 \cdot 53$
15	$5 \cdot 7 \cdot 11 \cdot 19$
16	$2^2 \cdot 31 \cdot 59$
20	$2^3 \cdot 3 \cdot 5 \cdot 61$
26	$2 \cdot 3^2 \cdot 11 \cdot 37$
32	$2^2 \cdot 3 \cdot 13 \cdot 47$
37	$11 \cdot 23 \cdot 29$
44	$2^4 \cdot 3^3 \cdot 17$
45	$5 \cdot 13 \cdot 113$
47	$3 \cdot 31 \cdot 79$
50	$2 \cdot 3 \cdot 5^2 \cdot 7^2$
53	$3^2 \cdot 19 \cdot 43$
60	$2^6 \cdot 5 \cdot 23$
66	$2 \cdot 29 \cdot 127$
70	$2 \cdot 5 \cdot 11 \cdot 67$
71	$3^4 \cdot 7 \cdot 13$
72	$2^2 \cdot 19 \cdot 97$
73	$73 \cdot 101$
75	$5^3 \cdot 59$
78	$2 \cdot 7 \cdot 17 \cdot 31$
80	$2^2 \cdot 3^2 \cdot 5 \cdot 41$
81	$11^2 \cdot 61$
83	$3 \cdot 23 \cdot 107$
84	$2^3 \cdot 13 \cdot 71$
87	$83 \cdot 89$
92	$2^5 \cdot 3 \cdot 7 \cdot 11$
95	$3 \cdot 5 \cdot 17 \cdot 29$
96	$2^2 \cdot 43^2$

7400

0	$2^3 \cdot 5^2 \cdot 37$
6	$2 \cdot 7 \cdot 23^2$
10	$2 \cdot 3 \cdot 5 \cdot 13 \cdot 19$
12	$2^2 \cdot 17 \cdot 109$
16	$2^3 \cdot 3^2 \cdot 103$
20	$2^2 \cdot 5 \cdot 7 \cdot 53$
24	$2^8 \cdot 29$
25	$3^3 \cdot 5^2 \cdot 11$
26	$2 \cdot 47 \cdot 79$
29	$17 \cdot 19 \cdot 23$
34	$2 \cdot 3^2 \cdot 7 \cdot 59$
36	$2^2 \cdot 11 \cdot 13^2$
37	$3 \cdot 37 \cdot 67$
40	$2^4 \cdot 3 \cdot 5 \cdot 31$
42	$2 \cdot 61^2$
46	$2 \cdot 3 \cdot 17 \cdot 73$
48	$2^3 \cdot 7^2 \cdot 19$
52	$2^2 \cdot 3^4 \cdot 23$
55	$3 \cdot 5 \cdot 7 \cdot 71$
58	$2 \cdot 3 \cdot 11 \cdot 113$
62	$2 \cdot 7 \cdot 13 \cdot 41$
69	$7 \cdot 11 \cdot 97$
70	$2 \cdot 3^2 \cdot 5 \cdot 83$
73	$3 \cdot 47 \cdot 53$
74	$2 \cdot 37 \cdot 101$
75	$5^2 \cdot 13 \cdot 23$
76	$2^2 \cdot 3 \cdot 7 \cdot 89$
80	$2^3 \cdot 5 \cdot 11 \cdot 17$

7400

82	$2 \cdot 3 \cdot 29 \cdot 43$
88	$2^6 \cdot 3^2 \cdot 13$
90	$2 \cdot 5 \cdot 7 \cdot 107$
93	$59 \cdot 127$
97	$3^2 \cdot 7^2 \cdot 17$

7500

0	$2^2 \cdot 3 \cdot 5^4$
2	$2 \cdot 11^2 \cdot 31$
3	$3 \cdot 41 \cdot 61$
4	$2^4 \cdot 7 \cdot 67$
5	$5 \cdot 19 \cdot 79$
11	$7 \cdot 29 \cdot 37$
14	$2 \cdot 13 \cdot 17^2$
19	$73 \cdot 103$
20	$2^5 \cdot 5 \cdot 47$
21	$3 \cdot 23 \cdot 109$
24	$2^2 \cdot 3^2 \cdot 11 \cdot 19$
25	$5^2 \cdot 7 \cdot 43$
26	$2 \cdot 53 \cdot 71$
33	$3^5 \cdot 31$
40	$2^2 \cdot 5 \cdot 13 \cdot 29$
44	$2^3 \cdot 23 \cdot 41$
46	$2 \cdot 7^3 \cdot 11$
48	$2^2 \cdot 3 \cdot 17 \cdot 37$
52	$2^7 \cdot 59$
53	$7 \cdot 13 \cdot 83$
60	$2^3 \cdot 3^3 \cdot 5 \cdot 7$
64	$2^2 \cdot 31 \cdot 61$
65	$5 \cdot 17 \cdot 89$
66	$2 \cdot 3 \cdot 13 \cdot 97$
67	$7 \cdot 23 \cdot 47$
68	$2^4 \cdot 11 \cdot 43$
69	$3^2 \cdot 29^2$
71	$67 \cdot 113$
75	$3 \cdot 5^2 \cdot 101$
79	$11 \cdot 13 \cdot 53$
81	$3 \cdot 7 \cdot 19^2$
84	$2^5 \cdot 3 \cdot 79$
85	$5 \cdot 37 \cdot 41$
90	$2 \cdot 3 \cdot 5 \cdot 11 \cdot 23$
92	$2^3 \cdot 13 \cdot 73$
95	$5 \cdot 7^2 \cdot 31$
97	$71 \cdot 107$

7600

0	$2^4 \cdot 5^2 \cdot 19$
5	$3^2 \cdot 5 \cdot 13^2$
11	$3 \cdot 43 \cdot 59$
14	$2 \cdot 3^4 \cdot 47$
16	$2^6 \cdot 7 \cdot 17$
20	$2^2 \cdot 3 \cdot 5 \cdot 127$
22	$2 \cdot 37 \cdot 103$
23	$3^2 \cdot 7 \cdot 11^2$
25	$5^3 \cdot 61$
26	$2 \cdot 3 \cdot 31 \cdot 41$
30	$2 \cdot 5 \cdot 7 \cdot 109$
32	$2^4 \cdot 3^2 \cdot 53$
36	$2^2 \cdot 23 \cdot 83$
38	$2 \cdot 3 \cdot 19 \cdot 67$
44	$2^2 \cdot 3 \cdot 7^2 \cdot 13$
50	$2 \cdot 3^2 \cdot 5^2 \cdot 17$
54	$2 \cdot 43 \cdot 89$
56	$2^3 \cdot 3 \cdot 11 \cdot 29$
57	$13 \cdot 19 \cdot 31$
59	$3^2 \cdot 23 \cdot 37$
63	$79 \cdot 97$
65	$3 \cdot 5 \cdot 7 \cdot 73$
67	$11 \cdot 17 \cdot 41$
68	$2^2 \cdot 3^3 \cdot 71$
70	$2 \cdot 5 \cdot 13 \cdot 59$
76	$2^2 \cdot 19 \cdot 101$
80	$2^9 \cdot 3 \cdot 5$
84	$2^2 \cdot 17 \cdot 113$
85	$5 \cdot 29 \cdot 53$
86	$2 \cdot 3^2 \cdot 7 \cdot 61$
88	$2^3 \cdot 31^2$
95	$3^4 \cdot 5 \cdot 19$
96	$2^4 \cdot 13 \cdot 37$

7700

0	$2^2 \cdot 5^2 \cdot 7 \cdot 11$
4	$2^3 \cdot 3^2 \cdot 107$
5	$5 \cdot 23 \cdot 67$
8	$2^2 \cdot 41 \cdot 47$
14	$2 \cdot 7 \cdot 19 \cdot 29$
19	$3 \cdot 31 \cdot 83$
22	$2 \cdot 3^3 \cdot 11 \cdot 13$
25	$3 \cdot 5^2 \cdot 103$
28	$2^4 \cdot 3 \cdot 7 \cdot 23$
33	$11 \cdot 19 \cdot 37$
35	$5 \cdot 7 \cdot 13 \cdot 17$
38	$2 \cdot 53 \cdot 73$
39	$71 \cdot 109$
40	$2^2 \cdot 3^2 \cdot 5 \cdot 43$
42	$2 \cdot 7^2 \cdot 79$
43	$3 \cdot 29 \cdot 89$
44	$2^6 \cdot 11^2$
47	$61 \cdot 127$
49	$3^3 \cdot 7 \cdot 41$
50	$2 \cdot 5^3 \cdot 31$
52	$2^3 \cdot 3 \cdot 17 \cdot 19$
55	$3 \cdot 5 \cdot 11 \cdot 47$
60	$2^4 \cdot 5 \cdot 97$
70	$2 \cdot 3 \cdot 5 \cdot 7 \cdot 37$
72	$2^2 \cdot 29 \cdot 67$
74	$2 \cdot 13^2 \cdot 23$
76	$2^5 \cdot 3^5$
77	$7 \cdot 11 \cdot 101$
88	$2^2 \cdot 3 \cdot 11 \cdot 59$
90	$2 \cdot 5 \cdot 19 \cdot 41$
91	$3 \cdot 7^2 \cdot 53$
97	$3 \cdot 23 \cdot 113$

7800

0	$2^3 \cdot 3 \cdot 5^2 \cdot 13$
2	$2 \cdot 47 \cdot 83$
3	$3^3 \cdot 17^2$
8	$2^7 \cdot 61$
10	$2 \cdot 5 \cdot 11 \cdot 71$
11	$73 \cdot 107$
12	$2^2 \cdot 3^2 \cdot 7 \cdot 31$
20	$2^2 \cdot 5 \cdot 17 \cdot 23$
21	$3^2 \cdot 11 \cdot 79$
26	$2 \cdot 7 \cdot 13 \cdot 43$
28	$2^2 \cdot 19 \cdot 103$
30	$2 \cdot 3^3 \cdot 5 \cdot 29$
32	$2^3 \cdot 11 \cdot 89$
39	$3^2 \cdot 13 \cdot 67$
40	$2^5 \cdot 5 \cdot 7^2$
43	$11 \cdot 23 \cdot 31$
44	$2^2 \cdot 37 \cdot 53$
47	$7 \cdot 19 \cdot 59$
48	$2^3 \cdot 3^2 \cdot 109$
54	$2 \cdot 3 \cdot 7 \cdot 11 \cdot 17$
57	$3^4 \cdot 97$
65	$5 \cdot 11^2 \cdot 13$
66	$2 \cdot 3^2 \cdot 19 \cdot 23$
69	$3 \cdot 43 \cdot 61$
72	$2^6 \cdot 3 \cdot 41$
74	$2 \cdot 31 \cdot 127$
75	$3^2 \cdot 5^3 \cdot 7$
78	$2 \cdot 3 \cdot 13 \cdot 101$
81	$3 \cdot 37 \cdot 71$
84	$2^2 \cdot 3^3 \cdot 73$
85	$5 \cdot 19 \cdot 83$
88	$2^4 \cdot 17 \cdot 29$
89	$7^3 \cdot 23$
96	$2^3 \cdot 3 \cdot 7 \cdot 47$

7900

0	$2^2 \cdot 5^2 \cdot 79$
4	$2^5 \cdot 13 \cdot 19$
5	$3 \cdot 5 \cdot 17 \cdot 31$
6	$2 \cdot 59 \cdot 67$
10	$2 \cdot 5 \cdot 7 \cdot 113$
12	$2^3 \cdot 23 \cdot 43$
17	$3 \cdot 7 \cdot 13 \cdot 29$
18	$2 \cdot 37 \cdot 107$
20	$2^4 \cdot 3^2 \cdot 5 \cdot 11$
21	89^2
30	$2 \cdot 5 \cdot 13 \cdot 61$
31	$7 \cdot 11 \cdot 103$
35	$3 \cdot 5 \cdot 23^2$
36	$2^8 \cdot 31$
38	$2 \cdot 3^4 \cdot 7^2$
42	$2 \cdot 11 \cdot 19^2$
43	$13^2 \cdot 47$
50	$2 \cdot 3 \cdot 5^2 \cdot 53$
52	$2^4 \cdot 7 \cdot 71$
54	$2 \cdot 41 \cdot 97$
55	$5 \cdot 37 \cdot 43$
56	$2^2 \cdot 3^2 \cdot 13 \cdot 17$
57	$73 \cdot 109$
65	$3^3 \cdot 5 \cdot 59$
68	$2^5 \cdot 3 \cdot 83$
73	$7 \cdot 17 \cdot 67$
75	$5^2 \cdot 11 \cdot 29$
79	$79 \cdot 101$
80	$2^2 \cdot 3 \cdot 5 \cdot 7 \cdot 19$
86	$2 \cdot 3 \cdot 11^3$
90	$2 \cdot 5 \cdot 17 \cdot 47$
92	$2^3 \cdot 3^3 \cdot 37$
95	$3 \cdot 5 \cdot 13 \cdot 41$
98	$2 \cdot 3 \cdot 31 \cdot 43$

8000

0	$2^6 \cdot 5^3$
1	$3^2 \cdot 7 \cdot 127$
4	$2^2 \cdot 3 \cdot 23 \cdot 29$
8	$2^3 \cdot 7 \cdot 11 \cdot 13$
10	$2 \cdot 3^2 \cdot 5 \cdot 89$
19	$3^6 \cdot 11$
23	$71 \cdot 113$
24	$2^3 \cdot 17 \cdot 59$
25	$3 \cdot 5^2 \cdot 107$
29	$7 \cdot 31 \cdot 37$
30	$2 \cdot 5 \cdot 11 \cdot 73$
34	$2 \cdot 3 \cdot 13 \cdot 103$
36	$2^2 \cdot 7^2 \cdot 41$
37	$3^2 \cdot 19 \cdot 47$
40	$2^3 \cdot 3 \cdot 5 \cdot 67$
41	$11 \cdot 17 \cdot 43$
50	$2 \cdot 5^2 \cdot 7 \cdot 23$
51	$83 \cdot 97$
52	$2^2 \cdot 3 \cdot 11 \cdot 61$
56	$2^3 \cdot 19 \cdot 53$
58	$2 \cdot 3 \cdot 17 \cdot 79$
60	$2^2 \cdot 5 \cdot 13 \cdot 31$
64	$2^7 \cdot 3^2 \cdot 7$
66	$2 \cdot 37 \cdot 109$
73	$3^3 \cdot 13 \cdot 23$
75	$5^2 \cdot 17 \cdot 19$
80	$2^4 \cdot 5 \cdot 101$
84	$2^2 \cdot 43 \cdot 47$
85	$3 \cdot 5 \cdot 7^2 \cdot 11$
91	$3^2 \cdot 29 \cdot 31$
92	$2^2 \cdot 7 \cdot 17^2$
94	$2 \cdot 3 \cdot 19 \cdot 71$
96	$2^5 \cdot 11 \cdot 23$
99	$7 \cdot 13 \cdot 89$

8100

0	$2^2 \cdot 3^4 \cdot 5^2$
3	$3 \cdot 37 \cdot 73$
7	$11^2 \cdot 67$
9	$3^2 \cdot 17 \cdot 53$
12	$2^4 \cdot 3 \cdot 13^2$
13	$7 \cdot 19 \cdot 61$
18	$2 \cdot 3^2 \cdot 11 \cdot 41$
20	$2^3 \cdot 5 \cdot 7 \cdot 29$
25	$5^4 \cdot 13$
27	$3^3 \cdot 7 \cdot 43$
28	$2^6 \cdot 127$
32	$2^2 \cdot 19 \cdot 107$
34	$2 \cdot 7^2 \cdot 83$
36	$2^3 \cdot 3^2 \cdot 113$
37	$79 \cdot 103$
40	$2^2 \cdot 5 \cdot 11 \cdot 37$
42	$2 \cdot 3 \cdot 23 \cdot 59$
48	$2^2 \cdot 3 \cdot 7 \cdot 97$
51	$3 \cdot 11 \cdot 13 \cdot 19$
60	$2^5 \cdot 3 \cdot 5 \cdot 17$
62	$2 \cdot 7 \cdot 11 \cdot 53$
65	$5 \cdot 23 \cdot 71$
70	$2 \cdot 5 \cdot 19 \cdot 43$
74	$2 \cdot 61 \cdot 67$
75	$3 \cdot 5^2 \cdot 109$
76	$2^4 \cdot 7 \cdot 73$
77	$13 \cdot 17 \cdot 37$
78	$2 \cdot 3 \cdot 29 \cdot 47$
81	$3^4 \cdot 101$
84	$2^3 \cdot 3 \cdot 11 \cdot 31$
88	$2^2 \cdot 23 \cdot 89$
90	$2 \cdot 3^2 \cdot 5 \cdot 7 \cdot 13$
92	2^{13}

8200

0	$2^3 \cdot 5^2 \cdot 41$
8	$2^4 \cdot 3^3 \cdot 19$
11	$3 \cdot 7 \cdot 17 \cdot 23$
14	$2 \cdot 3 \cdot 37^2$
15	$5 \cdot 31 \cdot 53$
16	$2^3 \cdot 13 \cdot 79$
17	$3^2 \cdot 11 \cdot 83$
25	$5^2 \cdot 7 \cdot 47$
28	$2^2 \cdot 11^2 \cdot 17$
32	$2^3 \cdot 3 \cdot 7^3$
35	$3^3 \cdot 5 \cdot 61$
36	$2^2 \cdot 29 \cdot 71$
39	$7 \cdot 11 \cdot 107$
40	$2^4 \cdot 5 \cdot 103$
41	$3 \cdot 41 \cdot 67$
45	$5 \cdot 17 \cdot 97$
46	$2 \cdot 7 \cdot 19 \cdot 31$
49	$73 \cdot 113$
50	$2 \cdot 3 \cdot 5^3 \cdot 11$
55	$5 \cdot 13 \cdot 127$
56	$2^6 \cdot 3 \cdot 43$
60	$2^2 \cdot 5 \cdot 7 \cdot 59$
62	$2 \cdot 3^5 \cdot 17$
65	$3 \cdot 5 \cdot 19 \cdot 29$
68	$2^2 \cdot 3 \cdot 13 \cdot 53$
72	$2^4 \cdot 11 \cdot 47$
77	$3 \cdot 31 \cdot 89$
80	$2^3 \cdot 3^2 \cdot 5 \cdot 23$
81	$7^2 \cdot 13^2$
82	$2 \cdot 41 \cdot 101$
84	$2^2 \cdot 19 \cdot 109$
88	$2^5 \cdot 7 \cdot 37$
94	$2 \cdot 11 \cdot 13 \cdot 29$
95	$3 \cdot 5 \cdot 7 \cdot 79$
96	$2^3 \cdot 17 \cdot 61$

8300

0	$2^2 \cdot 5^2 \cdot 83$
3	$19^2 \cdot 23$
7	$3^2 \cdot 13 \cdot 71$
8	$2^2 \cdot 31 \cdot 67$
16	$2^2 \cdot 3^3 \cdot 7 \cdot 11$
19	$3 \cdot 47 \cdot 59$
20	$2^7 \cdot 5 \cdot 13$
22	$2 \cdot 3 \cdot 19 \cdot 73$
23	$7 \cdot 29 \cdot 41$
25	$3^2 \cdot 5^2 \cdot 37$
30	$2 \cdot 5 \cdot 7^2 \cdot 17$
42	$2 \cdot 43 \cdot 97$
43	$3^4 \cdot 103$
46	$2 \cdot 3 \cdot 13 \cdot 107$
49	$3 \cdot 11^2 \cdot 23$
52	$2^5 \cdot 3^2 \cdot 29$
60	$2^3 \cdot 5 \cdot 11 \cdot 19$
62	$2 \cdot 37 \cdot 113$
64	$2^2 \cdot 3 \cdot 17 \cdot 41$
66	$2 \cdot 47 \cdot 89$
70	$2 \cdot 3^3 \cdot 5 \cdot 31$
72	$2^2 \cdot 7 \cdot 13 \cdot 23$
74	$2 \cdot 53 \cdot 79$
75	$5^3 \cdot 67$
78	$2 \cdot 59 \cdot 71$
79	$3^2 \cdot 7^2 \cdot 19$
81	$17^2 \cdot 29$
82	$2 \cdot 3 \cdot 11 \cdot 127$
83	$83 \cdot 101$
85	$3 \cdot 5 \cdot 13 \cdot 43$
93	$7 \cdot 11 \cdot 109$
95	$5 \cdot 23 \cdot 73$
98	$2 \cdot 13 \cdot 17 \cdot 19$

8400

0	$2^4 \cdot 3 \cdot 5^2 \cdot 7$
5	$5 \cdot 41^2$
10	$2 \cdot 5 \cdot 29^2$
15	$3^2 \cdot 5 \cdot 11 \cdot 17$
18	$2 \cdot 3 \cdot 23 \cdot 61$
24	$2^3 \cdot 3^4 \cdot 13$
27	$3 \cdot 53^2$
28	$2^2 \cdot 7^2 \cdot 43$
32	$2^4 \cdot 17 \cdot 31$
36	$2^2 \cdot 3 \cdot 19 \cdot 37$
37	$11 \cdot 13 \cdot 59$
39	$3 \cdot 29 \cdot 97$
42	$2 \cdot 3^2 \cdot 7 \cdot 67$
46	$2 \cdot 41 \cdot 103$
48	$2^8 \cdot 3 \cdot 11$
49	$7 \cdot 17 \cdot 71$
50	$2 \cdot 5^2 \cdot 13^2$
53	$79 \cdot 107$
55	$5 \cdot 19 \cdot 89$
60	$2^2 \cdot 3^2 \cdot 5 \cdot 47$
63	$3 \cdot 7 \cdot 13 \cdot 31$
64	$2^4 \cdot 23^2$
66	$2 \cdot 3 \cdot 17 \cdot 83$
68	$2^2 \cdot 29 \cdot 73$
70	$2 \cdot 5 \cdot 7 \cdot 11^2$
75	$3 \cdot 5^2 \cdot 113$
80	$2^5 \cdot 5 \cdot 53$
84	$2^2 \cdot 3 \cdot 7 \cdot 101$
87	$3^2 \cdot 23 \cdot 41$
96	$2^4 \cdot 3^2 \cdot 59$

8500

0	$2^2 \cdot 5^3 \cdot 17$
2	$2 \cdot 3 \cdot 13 \cdot 109$
5	$3^5 \cdot 5 \cdot 7$
9	$67 \cdot 127$
10	$2 \cdot 5 \cdot 23 \cdot 37$
12	$2^6 \cdot 7 \cdot 19$
14	$2 \cdot 3^2 \cdot 11 \cdot 43$
20	$2^3 \cdot 3 \cdot 5 \cdot 71$
25	$5^2 \cdot 11 \cdot 31$
26	$2 \cdot 3 \cdot 7^2 \cdot 29$
28	$2^4 \cdot 13 \cdot 41$
32	$2^2 \cdot 3^3 \cdot 79$
33	$7 \cdot 23 \cdot 53$
36	$2^3 \cdot 11 \cdot 97$
40	$2^2 \cdot 5 \cdot 7 \cdot 61$
41	$3^2 \cdot 13 \cdot 73$
44	$2^5 \cdot 3 \cdot 89$
47	$3 \cdot 7 \cdot 11 \cdot 37$
49	$83 \cdot 103$
50	$2 \cdot 3^2 \cdot 5^2 \cdot 19$
54	$2 \cdot 7 \cdot 13 \cdot 47$
55	$5 \cdot 29 \cdot 59$
56	$2^2 \cdot 3 \cdot 23 \cdot 31$
60	$2^4 \cdot 5 \cdot 107$
68	$2^3 \cdot 3^2 \cdot 7 \cdot 17$
69	$11 \cdot 19 \cdot 41$
75	$5^2 \cdot 7^3$
76	$2^7 \cdot 67$
80	$2^2 \cdot 3 \cdot 5 \cdot 11 \cdot 13$
84	$2^3 \cdot 29 \cdot 37$
85	$5 \cdot 17 \cdot 101$
86	$2 \cdot 3^4 \cdot 53$
88	$2^2 \cdot 19 \cdot 113$
91	$11^2 \cdot 71$

8600

0	$2^3 \cdot 5^2 \cdot 43$
1	$3 \cdot 47 \cdot 61$
2	$2 \cdot 11 \cdot 17 \cdot 23$
10	$2 \cdot 3 \cdot 5 \cdot 7 \cdot 41$
11	$79 \cdot 109$
13	$3^3 \cdot 11 \cdot 29$
14	$2 \cdot 59 \cdot 73$
19	$3 \cdot 13^2 \cdot 17$
24	$2^4 \cdot 7^2 \cdot 11$
25	$3 \cdot 5^3 \cdot 23$
32	$2^3 \cdot 13 \cdot 83$
33	$89 \cdot 97$
36	$2^2 \cdot 17 \cdot 127$
40	$2^6 \cdot 3^3 \cdot 5$
43	$3 \cdot 43 \cdot 67$
45	$5 \cdot 7 \cdot 13 \cdot 19$
48	$2^3 \cdot 23 \cdot 47$
49	$3^2 \cdot 31^2$
52	$2^2 \cdot 3 \cdot 7 \cdot 103$
58	$2 \cdot 3^2 \cdot 13 \cdot 37$
62	$2 \cdot 61 \cdot 71$
64	$2^3 \cdot 3 \cdot 19^2$
67	$3^4 \cdot 107$
70	$2 \cdot 3 \cdot 5 \cdot 17^2$
71	$13 \cdot 23 \cdot 29$
73	$3 \cdot 7^2 \cdot 59$
80	$2^3 \cdot 5 \cdot 7 \cdot 31$
86	$2 \cdot 43 \cdot 101$
87	$7 \cdot 17 \cdot 73$
90	$2 \cdot 5 \cdot 11 \cdot 79$
92	$2^2 \cdot 41 \cdot 53$
94	$2 \cdot 3^3 \cdot 7 \cdot 23$
95	$5 \cdot 37 \cdot 47$

8700

0	$2^2 \cdot 3 \cdot 5^2 \cdot 29$
1	$7 \cdot 11 \cdot 113$
4	$2^9 \cdot 17$
10	$2 \cdot 5 \cdot 13 \cdot 67$
12	$2^3 \cdot 3^2 \cdot 11^2$
15	$3 \cdot 5 \cdot 7 \cdot 83$
20	$2^4 \cdot 5 \cdot 109$
21	$3^3 \cdot 17 \cdot 19$
22	$2 \cdot 7^2 \cdot 89$
23	$11 \cdot 13 \cdot 61$
29	$7 \cdot 29 \cdot 43$
30	$2 \cdot 3^2 \cdot 5 \cdot 97$
32	$2^2 \cdot 37 \cdot 59$
33	$3 \cdot 41 \cdot 71$
36	$2^5 \cdot 3 \cdot 7 \cdot 13$
40	$2^2 \cdot 5 \cdot 19 \cdot 23$
42	$2 \cdot 3 \cdot 31 \cdot 47$
45	$3 \cdot 5 \cdot 11 \cdot 53$
48	$2^2 \cdot 3^7$
50	$2 \cdot 5^4 \cdot 7$
55	$5 \cdot 17 \cdot 103$
60	$2^3 \cdot 3 \cdot 5 \cdot 73$
63	$3 \cdot 23 \cdot 127$
69	$3 \cdot 37 \cdot 79$
72	$2^2 \cdot 3 \cdot 17 \cdot 43$
74	$2 \cdot 41 \cdot 107$
75	$3^3 \cdot 5^2 \cdot 13$
78	$2 \cdot 3 \cdot 7 \cdot 11 \cdot 19$
84	$2^4 \cdot 3^2 \cdot 61$
87	$3 \cdot 29 \cdot 101$
88	$2^2 \cdot 13^3$
89	$11 \cdot 17 \cdot 47$
98	$2 \cdot 53 \cdot 83$

8800

0	$2^5 \cdot 5^2 \cdot 11$
4	$2^2 \cdot 31 \cdot 71$
6	$2 \cdot 7 \cdot 17 \cdot 37$
11	$3^2 \cdot 11 \cdot 89$
14	$2 \cdot 3 \cdot 13 \cdot 113$
15	$5 \cdot 41 \cdot 43$
16	$2^4 \cdot 19 \cdot 29$
20	$2^2 \cdot 3^2 \cdot 5 \cdot 7^2$
27	$7 \cdot 13 \cdot 97$
29	$3^4 \cdot 109$
32	$2^7 \cdot 3 \cdot 23$
33	$11^2 \cdot 73$
35	$3 \cdot 5 \cdot 19 \cdot 31$
36	$2^2 \cdot 47^2$
40	$2^3 \cdot 5 \cdot 13 \cdot 17$
44	$2^2 \cdot 3 \cdot 11 \cdot 67$
45	$5 \cdot 29 \cdot 61$
48	$2^4 \cdot 7 \cdot 79$
50	$2 \cdot 3 \cdot 5^2 \cdot 59$
55	$5 \cdot 7 \cdot 11 \cdot 23$
56	$2^3 \cdot 3^3 \cdot 41$
58	$2 \cdot 43 \cdot 103$
66	$2 \cdot 11 \cdot 13 \cdot 31$
74	$2 \cdot 3^2 \cdot 17 \cdot 29$
75	$5^3 \cdot 71$
80	$2^4 \cdot 3 \cdot 5 \cdot 37$
81	$83 \cdot 107$
83	$3^3 \cdot 7 \cdot 47$
88	$2^3 \cdot 11 \cdot 101$
90	$2 \cdot 5 \cdot 7 \cdot 127$
92	$2^2 \cdot 3^2 \cdot 13 \cdot 19$
97	$7 \cdot 31 \cdot 41$

8900

0	$2^2 \cdot 5^2 \cdot 89$
1	$3^2 \cdot 23 \cdot 43$
4	$2^3 \cdot 3 \cdot 7 \cdot 53$
6	$2 \cdot 61 \cdot 73$
10	$2 \cdot 3^4 \cdot 5 \cdot 11$
11	$7 \cdot 19 \cdot 67$
18	$2 \cdot 7^3 \cdot 13$
24	$2^2 \cdot 23 \cdot 97$
25	$3 \cdot 5^2 \cdot 7 \cdot 17$
27	$79 \cdot 113$
28	$2^5 \cdot 3^2 \cdot 31$
30	$2 \cdot 5 \cdot 19 \cdot 47$
32	$2^2 \cdot 7 \cdot 11 \cdot 29$
38	$2 \cdot 41 \cdot 109$
44	$2^4 \cdot 13 \cdot 43$
46	$2 \cdot 3^2 \cdot 7 \cdot 71$
54	$2 \cdot 11^2 \cdot 37$
57	$13^2 \cdot 53$
59	$17^2 \cdot 31$
60	$2^8 \cdot 5 \cdot 7$
61	$3 \cdot 29 \cdot 103$
64	$2^2 \cdot 3^3 \cdot 83$
67	$3 \cdot 7^2 \cdot 61$
68	$2^3 \cdot 19 \cdot 59$
70	$2 \cdot 3 \cdot 5 \cdot 13 \cdot 23$
76	$2^4 \cdot 3 \cdot 11 \cdot 17$
78	$2 \cdot 67^2$
79	$3 \cdot 41 \cdot 73$
87	$11 \cdot 19 \cdot 43$
88	$2^2 \cdot 3 \cdot 7 \cdot 107$
89	$89 \cdot 101$
90	$2 \cdot 5 \cdot 29 \cdot 31$
91	$3^5 \cdot 37$
93	$17 \cdot 23^2$

9000

0	$2^3 \cdot 3^2 \cdot 5^3$
6	$2 \cdot 3 \cdot 19 \cdot 79$
9	$3^2 \cdot 7 \cdot 11 \cdot 13$
10	$2 \cdot 5 \cdot 17 \cdot 53$
16	$2^3 \cdot 7^2 \cdot 23$
17	$71 \cdot 127$
20	$2^2 \cdot 5 \cdot 11 \cdot 41$
21	$3 \cdot 31 \cdot 97$
24	$2^6 \cdot 3 \cdot 47$
25	$5^2 \cdot 19^2$
27	$3^2 \cdot 17 \cdot 59$
28	$2^2 \cdot 37 \cdot 61$
30	$2 \cdot 3 \cdot 5 \cdot 7 \cdot 43$
40	$2^4 \cdot 5 \cdot 113$
44	$2^2 \cdot 7 \cdot 17 \cdot 19$
45	$3^3 \cdot 5 \cdot 67$
47	$83 \cdot 109$
48	$2^3 \cdot 3 \cdot 13 \cdot 29$
52	$2^2 \cdot 31 \cdot 73$
61	$13 \cdot 17 \cdot 41$
63	$3^2 \cdot 19 \cdot 53$
64	$2^3 \cdot 11 \cdot 103$
65	$5 \cdot 7^2 \cdot 37$
72	$2^4 \cdot 3^4 \cdot 7$
75	$3 \cdot 5^2 \cdot 11^2$
78	$2 \cdot 3 \cdot 17 \cdot 89$
85	$5 \cdot 23 \cdot 79$
86	$2 \cdot 7 \cdot 11 \cdot 59$
88	$2^7 \cdot 71$
90	$2 \cdot 3^2 \cdot 5 \cdot 101$
95	$5 \cdot 17 \cdot 107$

9100

0	$2^2 \cdot 5^2 \cdot 7 \cdot 13$
2	$2 \cdot 3 \cdot 37 \cdot 41$
8	$2^2 \cdot 3^4 \cdot 11 \cdot 23$
12	$2^3 \cdot 17 \cdot 67$
14	$2 \cdot 3 \cdot 7^2 \cdot 31$
16	$2^2 \cdot 43 \cdot 53$
18	$2 \cdot 47 \cdot 97$
20	$2^5 \cdot 3 \cdot 5 \cdot 19$
25	$5^3 \cdot 73$
26	$2 \cdot 3^3 \cdot 13^2$
30	$2 \cdot 5 \cdot 11 \cdot 83$
35	$3^2 \cdot 5 \cdot 7 \cdot 29$
39	$13 \cdot 19 \cdot 37$
44	$2^3 \cdot 3^2 \cdot 127$
45	$5 \cdot 31 \cdot 59$
50	$2 \cdot 3 \cdot 5^2 \cdot 61$
52	$2^6 \cdot 11 \cdot 13$
53	$3^4 \cdot 113$
56	$2^2 \cdot 3 \cdot 7 \cdot 109$
59	$3 \cdot 43 \cdot 71$
63	$7^2 \cdot 11 \cdot 17$
64	$2^2 \cdot 29 \cdot 79$
65	$3 \cdot 5 \cdot 13 \cdot 47$
67	$89 \cdot 103$
76	$2^3 \cdot 31 \cdot 37$
77	$3 \cdot 7 \cdot 19 \cdot 23$
80	$2^2 \cdot 3^3 \cdot 5 \cdot 17$
84	$2^5 \cdot 7 \cdot 41$
91	$7 \cdot 13 \cdot 101$
96	$2^2 \cdot 11^2 \cdot 19$
98	$2 \cdot 3^2 \cdot 7 \cdot 73$

9200

0	$2^4 \cdot 5^2 \cdot 23$
2	$2 \cdot 43 \cdot 107$
4	$2^2 \cdot 3 \cdot 13 \cdot 59$
7	$3^3 \cdot 11 \cdot 31$
12	$2^2 \cdot 7^2 \cdot 47$
13	$3 \cdot 37 \cdot 83$
15	$5 \cdot 19 \cdot 97$
16	$2^{10} \cdot 3^2$
22	$2 \cdot 3 \cdot 29 \cdot 53$
25	$3^2 \cdot 5^2 \cdot 41$
30	$2 \cdot 5 \cdot 13 \cdot 71$
34	$2 \cdot 3^5 \cdot 19$
40	$2^3 \cdot 3 \cdot 5 \cdot 7 \cdot 11$
43	$3^2 \cdot 13 \cdot 79$
45	$5 \cdot 43^2$
46	$2 \cdot 3 \cdot 23 \cdot 67$
48	$2^5 \cdot 17^2$
50	$2 \cdot 5^3 \cdot 37$
51	$11 \cdot 29^2$
56	$2^3 \cdot 13 \cdot 89$
61	$3^3 \cdot 7^3$
65	$5 \cdot 17 \cdot 109$
66	$2 \cdot 47 \cdot 101$
69	$13 \cdot 23 \cdot 31$
70	$2 \cdot 3^2 \cdot 5 \cdot 103$
71	$73 \cdot 127$
72	$2^3 \cdot 19 \cdot 61$
75	$5^2 \cdot 7 \cdot 53$
80	$2^6 \cdot 5 \cdot 29$
82	$2 \cdot 3 \cdot 7 \cdot 13 \cdot 17$
88	$2^3 \cdot 3^3 \cdot 43$
92	$2^2 \cdot 23 \cdot 101$
95	$5 \cdot 11 \cdot 13^2$
96	$2^4 \cdot 7 \cdot 83$

9300

0	$2^2 \cdot 3 \cdot 5^2 \cdot 31$
6	$2 \cdot 3^2 \cdot 11 \cdot 47$
9	$3 \cdot 29 \cdot 107$
10	$2 \cdot 5 \cdot 7^2 \cdot 19$
12	$2^5 \cdot 3 \cdot 97$
15	$3^4 \cdot 5 \cdot 23$
17	$7 \cdot 11^3$
22	$2 \cdot 59 \cdot 79$
24	$2^2 \cdot 3^2 \cdot 7 \cdot 37$
28	$2^4 \cdot 11 \cdot 53$
31	$7 \cdot 31 \cdot 43$
33	$3^2 \cdot 17 \cdot 61$
38	$2 \cdot 7 \cdot 23 \cdot 29$
44	$2^7 \cdot 73$
45	$3 \cdot 5 \cdot 7 \cdot 89$
48	$2^2 \cdot 3 \cdot 19 \cdot 41$
50	$2 \cdot 5^2 \cdot 11 \cdot 17$
60	$2^4 \cdot 3^2 \cdot 5 \cdot 13$
61	$11 \cdot 23 \cdot 37$
67	$17 \cdot 19 \cdot 29$
72	$2^2 \cdot 3 \cdot 11 \cdot 71$
73	$7 \cdot 13 \cdot 103$
74	$2 \cdot 43 \cdot 109$
75	$3 \cdot 5^5$
79	$83 \cdot 113$
80	$2^3 \cdot 5 \cdot 7 \cdot 67$
81	$3 \cdot 53 \cdot 59$
84	$2^3 \cdot 3 \cdot 17 \cdot 23$
86	$2 \cdot 13 \cdot 19^2$
93	$3 \cdot 31 \cdot 101$
94	$2 \cdot 7 \cdot 11 \cdot 61$
96	$2^2 \cdot 3^4 \cdot 29$
98	$2 \cdot 37 \cdot 127$

9400

0	$2^3 \cdot 5^2 \cdot 47$
1	$7 \cdot 17 \cdot 79$
5	$3^2 \cdot 5 \cdot 11 \cdot 19$
8	$2^6 \cdot 3 \cdot 7^2$
9	97^2
16	$2^3 \cdot 11 \cdot 107$
17	$3 \cdot 43 \cdot 73$
24	$2^4 \cdot 19 \cdot 31$
25	$5^2 \cdot 13 \cdot 29$
30	$2 \cdot 5 \cdot 23 \cdot 41$
34	$2 \cdot 53 \cdot 89$
35	$3 \cdot 5 \cdot 17 \cdot 37$
38	$2 \cdot 3 \cdot 11^2 \cdot 13$
40	$2^5 \cdot 5 \cdot 59$
43	$7 \cdot 19 \cdot 71$
47	$3 \cdot 47 \cdot 67$
50	$2 \cdot 3^3 \cdot 5^2 \cdot 7$
55	$5 \cdot 31 \cdot 61$
60	$2^2 \cdot 5 \cdot 11 \cdot 43$
62	$2 \cdot 3 \cdot 19 \cdot 83$
64	$2^3 \cdot 7 \cdot 13^2$
71	$3 \cdot 7 \cdot 11 \cdot 41$
72	$2^8 \cdot 37$
76	$2^2 \cdot 23 \cdot 103$
77	$3^6 \cdot 13$
80	$2^3 \cdot 3 \cdot 5 \cdot 79$
83	$3 \cdot 29 \cdot 109$
86	$2 \cdot 3^2 \cdot 17 \cdot 31$
90	$2 \cdot 5 \cdot 13 \cdot 73$
92	$2^2 \cdot 3 \cdot 7 \cdot 113$
94	$2 \cdot 47 \cdot 101$
99	$7 \cdot 23 \cdot 59$

9500

0	$2^2 \cdot 5^3 \cdot 19$
3	$13 \cdot 17 \cdot 43$
4	$2^5 \cdot 3^3 \cdot 11$
6	$2 \cdot 7^2 \cdot 97$
12	$2^3 \cdot 29 \cdot 41$
14	$2 \cdot 67 \cdot 71$
16	$2^2 \cdot 3 \cdot 13 \cdot 61$
20	$2^4 \cdot 5 \cdot 7 \cdot 17$
22	$2 \cdot 3^2 \cdot 23^2$
23	$89 \cdot 107$
25	$3 \cdot 5^2 \cdot 127$
37	$3 \cdot 11 \cdot 17^2$
40	$2^2 \cdot 3^2 \cdot 5 \cdot 53$
41	$7 \cdot 29 \cdot 47$
45	$5 \cdot 23 \cdot 83$
46	$2 \cdot 3 \cdot 37 \cdot 43$
48	$2^2 \cdot 7 \cdot 11 \cdot 31$
55	$3 \cdot 5 \cdot 7^2 \cdot 13$
58	$2 \cdot 3^4 \cdot 59$
59	$11^2 \cdot 79$
68	$2^5 \cdot 13 \cdot 23$
70	$2 \cdot 3 \cdot 5 \cdot 11 \cdot 29$
76	$2^3 \cdot 3^2 \cdot 7 \cdot 19$
79	$3 \cdot 31 \cdot 103$
81	$11 \cdot 13 \cdot 67$
83	$7 \cdot 37^2$
85	$3^3 \cdot 5 \cdot 71$
88	$2^2 \cdot 3 \cdot 17 \cdot 47$
92	$2^3 \cdot 11 \cdot 109$
94	$2 \cdot 3^2 \cdot 13 \cdot 41$
95	$5 \cdot 19 \cdot 101$

9600

0	$2^7 \cdot 3 \cdot 5^2$
3	$3^2 \cdot 11 \cdot 97$
4	$2^2 \cdot 7^4$
5	$5 \cdot 17 \cdot 113$
10	$2 \cdot 5 \cdot 31^2$
12	$2^2 \cdot 3^3 \cdot 89$
14	$2 \cdot 11 \cdot 19 \cdot 23$
20	$2^2 \cdot 5 \cdot 13 \cdot 37$
25	$5^3 \cdot 7 \cdot 11$
28	$2^2 \cdot 29 \cdot 83$
30	$2 \cdot 3^2 \cdot 5 \cdot 107$
32	$2^5 \cdot 7 \cdot 43$
33	$3 \cdot 13^2 \cdot 19$
35	$5 \cdot 41 \cdot 47$
36	$2^2 \cdot 3 \cdot 11 \cdot 73$
38	$2 \cdot 61 \cdot 79$
39	$3^4 \cdot 7 \cdot 17$
46	$2 \cdot 7 \cdot 13 \cdot 53$
48	$2^4 \cdot 3^2 \cdot 67$
52	$2^2 \cdot 19 \cdot 127$
56	$2^3 \cdot 17 \cdot 71$
57	$3^2 \cdot 29 \cdot 37$
60	$2^2 \cdot 3 \cdot 5 \cdot 7 \cdot 23$
72	$2^3 \cdot 3 \cdot 13 \cdot 31$
75	$3^2 \cdot 5^2 \cdot 43$
76	$2^2 \cdot 41 \cdot 59$
80	$2^4 \cdot 5 \cdot 11^2$
82	$2 \cdot 47 \cdot 103$
90	$2 \cdot 3 \cdot 5 \cdot 17 \cdot 19$
96	$2^5 \cdot 3 \cdot 101$
99	$3 \cdot 53 \cdot 61$

9700

0	$2^3 \cdot 5^2 \cdot 97$
1	$89 \cdot 109$
2	$2 \cdot 3^2 \cdot 7^2 \cdot 11$
9	$7 \cdot 19 \cdot 73$
11	$3^2 \cdot 13 \cdot 83$
15	$5 \cdot 29 \cdot 67$
17	$3 \cdot 41 \cdot 79$
18	$2 \cdot 43 \cdot 113$
20	$2^3 \cdot 3^5 \cdot 5$
24	$2^2 \cdot 11 \cdot 13 \cdot 17$
28	$2^9 \cdot 19$
29	$3^2 \cdot 23 \cdot 47$
35	$3 \cdot 5 \cdot 11 \cdot 59$
37	$7 \cdot 13 \cdot 107$
44	$2^4 \cdot 3 \cdot 7 \cdot 29$
47	$3^3 \cdot 19^2$
50	$2 \cdot 3 \cdot 5^3 \cdot 13$

9700		9800		9800		9900		9900	
52	$2^3 \cdot 23 \cdot 53$	0	$2^3 \cdot 5^2 \cdot 7^2$	56	$2^7 \cdot 7 \cdot 11$	0	$2^2 \cdot 3^2 \cdot 5^2 \cdot 11$	51	$3 \cdot 31 \cdot 107$
58	$2 \cdot 7 \cdot 17 \cdot 41$	1	$3^4 \cdot 11^2$	58	$2 \cdot 3 \cdot 31 \cdot 53$	6	$2 \cdot 3 \cdot 13 \cdot 127$	54	$2 \cdot 3^2 \cdot 7 \cdot 79$
60	$2^5 \cdot 5 \cdot 61$	2	$2 \cdot 13^2 \cdot 29$	60	$2^2 \cdot 5 \cdot 17 \cdot 29$	11	$11 \cdot 17 \cdot 53$	60	$2^3 \cdot 3 \cdot 5 \cdot 83$
65	$3^2 \cdot 5 \cdot 7 \cdot 31$	4	$2^2 \cdot 3 \cdot 19 \cdot 43$	67	$3 \cdot 11 \cdot 13 \cdot 23$	12	$2^3 \cdot 3 \cdot 7 \cdot 59$	63	$3^5 \cdot 41$
68	$2^3 \cdot 3 \cdot 11 \cdot 37$	5	$5 \cdot 37 \cdot 53$	70	$2 \cdot 3 \cdot 5 \cdot 7 \cdot 47$	16	$2^2 \cdot 37 \cdot 67$	64	$2^2 \cdot 47 \cdot 53$
75	$5^2 \cdot 17 \cdot 23$	10	$2 \cdot 3^2 \cdot 5 \cdot 109$	75	$5^3 \cdot 79$	18	$2 \cdot 3^2 \cdot 19 \cdot 29$	68	$2^4 \cdot 7 \cdot 89$
76	$2^4 \cdot 13 \cdot 47$	21	$7 \cdot 23 \cdot 61$	77	$7 \cdot 17 \cdot 83$	19	$7 \cdot 13 \cdot 109$	71	$13^2 \cdot 59$
79	$7 \cdot 11 \cdot 127$	23	$11 \cdot 19 \cdot 47$	79	$3 \cdot 37 \cdot 89$	20	$2^6 \cdot 5 \cdot 31$	75	$3 \cdot 5^2 \cdot 7 \cdot 19$
82	$2 \cdot 67 \cdot 73$	26	$2 \cdot 17^3$	80	$2^3 \cdot 5 \cdot 13 \cdot 19$	22	$2 \cdot 11^2 \cdot 41$	76	$2^3 \cdot 29 \cdot 43$
85	$5 \cdot 19 \cdot 103$	28	$2^2 \cdot 3^3 \cdot 7 \cdot 13$	82	$2 \cdot 3^4 \cdot 61$	28	$2^3 \cdot 17 \cdot 73$	82	$2 \cdot 7 \cdot 23 \cdot 31$
90	$2 \cdot 5 \cdot 11 \cdot 89$	31	$3 \cdot 29 \cdot 113$	88	$2^5 \cdot 3 \cdot 103$	33	$3 \cdot 7 \cdot 11 \cdot 43$	84	$2^3 \cdot 3 \cdot 13$
92	$2^6 \cdot 3^2 \cdot 17$	40	$2^4 \cdot 3 \cdot 5 \cdot 41$	89	$11 \cdot 29 \cdot 31$	36	$2^4 \cdot 3^3 \cdot 23$	90	$2 \cdot 3^3 \cdot 5 \cdot 37$
94	$2 \cdot 59 \cdot 83$	42	$2 \cdot 7 \cdot 19 \cdot 37$	90	$2 \cdot 5 \cdot 23 \cdot 43$	40	$2^2 \cdot 5 \cdot 7 \cdot 71$	91	$97 \cdot 103$
96	$2^2 \cdot 31 \cdot 79$	44	$2^2 \cdot 23 \cdot 107$	94	$2 \cdot 3 \cdot 17 \cdot 97$	44	$2^3 \cdot 11 \cdot 113$	96	$2^2 \cdot 3 \cdot 7^2 \cdot 17$
97	$97 \cdot 101$	49	$3 \cdot 7^2 \cdot 67$	98	$2 \cdot 7^2 \cdot 101$	45	$3^2 \cdot 5 \cdot 13 \cdot 17$	99	$3^2 \cdot 11 \cdot 101$
98	$2 \cdot 3 \cdot 23 \cdot 71$	55	$3^3 \cdot 5 \cdot 73$			47	$7^3 \cdot 29$	100	$2^4 \cdot 5^4$

Werkstattbücher

Kurzgefaßte Einzeldarstellungen über
Grundlagen, wissenschaftliche Erkenntnisse, praktische Erfahrungen
aus den Gebieten

Fertigungsverfahren; Werkzeugmaschinen, ihre Antriebe und Steuerungen;
Werkzeuge; Werkstoffe; Messen und Prüfen; Betriebsorganisation

Verzeichnis der bei Erscheinen dieses Heftes lieferbaren und der in Vorbereitung befindlichen Titel

Die Hefte kosten DM 4,50, DM 6,– bzw. DM 7,50
Bei gleichzeitigem Bezug von 10 beliebigen Heften ermäßigt sich der Heftpreis um 20 %

Verzeichnis der Werkstattbücher